现代模具制造技术

范建锋 林瑞蕊 主 编
王海青 姚圣豪 刘竹林 副主编

清华大学出版社
北京

内 容 简 介

随着工业生产和制造技术的不断发展,现代模具制造逐渐从简单的传统手工作坊走向自动化、智能化,高精度、高效率成为模具工业的象征。本书编者借鉴多年来在模具制造领域的实践经验和教学经验,结合全国职业院校技能大赛现代模具制造技术赛项相关知识,选取企业实际生产零件为教学载体,将零件的加工过程转化为教学内容,以项目任务引领内容涵盖模具制造各方面,包括项目一模具制造的流程,项目二模具工艺规程相关内容,项目三、项目四模具零件加工编程,项目五至项目十模具零件实际加工操作,项目十一模具零件的装配钳工操作过程,项目十二模具的产品注塑以及模具验收。

本书可作为职业院校模具制造相关专业教材和技能大赛指导用书。

本书封面贴有清华大学出版社防伪标签,无标签者不得销售。
版权所有,侵权必究。举报: 010-62782989,beiqinquan@tup.tsinghua.edu.cn。

图书在版编目(CIP)数据

现代模具制造技术/范建锋,林瑞蕊主编.--北京:清华大学出版社,2025.4
ISBN 978-7-302-65977-8

Ⅰ.①现… Ⅱ.①范…②林… Ⅲ.①模具-生产工艺-高等职业教育-教材 Ⅳ.①TG760.6

中国国家版本馆CIP数据核字(2024)第068045号

责任编辑:张 弛
封面设计:刘 键
责任校对:袁 芳
责任印制:沈 露

出版发行:清华大学出版社
网　　址: https://www.tup.com.cn, https://www.wqxuetang.com
地　　址: 北京清华大学学研大厦A座　　邮　编: 100084
社 总 机: 010-83470000　　邮　购: 010-62786544
投稿与读者服务: 010-62776969, c-service@tup.tsinghua.edu.cn
质量反馈: 010-62772015, zhiliang@tup.tsinghua.edu.cn
印 装 者: 三河市君旺印务有限公司
经　　销: 全国新华书店
开　　本: 185mm×260mm　　印　张: 20.25　　字　数: 464千字
版　　次: 2025年6月第1版　　印　次: 2025年6月第1次印刷
定　　价: 69.00元

产品编号: 100979-01

前 言
FOREWORD

制造业是立国之本、强国之基。党的二十大报告明确指出,加快建设制造强国,推动制造业高端化、智能化、绿色化发展,推进新型工业化。制造业的发展对于推动经济增长、促进就业和提高国际竞争力具有重要的意义。模具工业在现代制造业中占有重要地位,对制造各种零部件和成品具有关键作用。

随着工业生产和制造技术的不断发展,模具工业也在不断地发展和变革。现代模具制造逐渐从简单的传统手工作坊走向自动化、智能化,高精度、高效率成为模具工业的象征。模具制造水平已经成为衡量一个国家制造业水平高低的重要标志,也是一个国家的工业产品保持国际竞争力的重要保证之一。

本书的编写借鉴了多年来在模具制造领域的实践经验和教学经验,并结合了全国职业院校技能大赛现代模具制造技术赛项的相关知识,内容涵盖了模具制造的各方面,包括模具设计原理、模具材料与热处理、模具加工工艺、模具装配与调试、模具检测与质量控制等。本书旨在为模具制造领域的学生和专业人士提供全面深入的知识和实践指导,帮助读者掌握模具制造的核心概念、工艺流程和技术要点。

本书以项目任务引领式设计,结合工学一体化的教学模式,选取企业实际生产零件为教学载体,将零件的加工过程转化为教学内容。全书共分为12个项目,项目一主要介绍模具制造的流程,项目二介绍模具工艺规程的相关内容,项目三和项目四介绍模具零件加工的编程,项目五至项目十介绍模具零件的实际加工操作,包括CNC铣床加工、线切割加工、热处理操作、磨床加工以及电火花加工,项目十一介绍模具零件的装配钳工操作过程,项目十二介绍模具的产品注塑以及模具验收。此外,本书还包含了丰富的图表、插图和实用的技术资料,以便读者能够更直观地了解模具制造的过程和细节。

本书的顺利完成得益于浙江省十所一流技师学校的建设和学校智能设计与制造学院实行的"混态"教学模式改革。学校智能制造高水平专业群的行动导向和工学一体的课程建设理念为本书的编写提供了坚实的基础。此外,本书融入了世界技能大赛(塑料模具工程项目)和中职职业院校技能大赛(现代模具制造技术·注塑模具制造技术项目)的相关要求,充分体现了"能力本位、行动导向"的应用型人才培养思想。

本书从模具制造实际教学中发现,内容充实,并且贴近模具企业实际状况,弥补了当前图书的不足。目前模具企业的技术型管理人才非常短缺,所以,本书关于模具的制造、项目管理、质量验收、使用和维护等内容,对于提升管理能力有一定的帮助。模具制造是一件有趣的事情,是一件非专业人也需要了解的技能,是新时代人提升工匠精神的必备素养。

书中包含大量图片素材、原创视频、客观练习,在此感谢杭州萧山技师学院1903模具技师班、2104模具技师班、2003机电技师班提供的作品素材;感谢张恩光、范骏杭、钱诚涛、魏祖昊、陈凯、胡安、金宇航、袁愉杰、朱桢炜、沈宇波、汪炜、任铭宇、裘铖男等同学辅助教学准备工作;感谢浙江格创教育科技有限公司黄凯、上海信羽电子科技有限公司钱小林、杭州娃哈哈机电研究模具设计所长郭太松、杭州索凯实业有限公司周详祥、爱文易成文具有限公司林成火、杭州友成机工有限公司周期峰、浙江骁麒科技有限公司曹升金、杭州凯美模具有限公司陈志建等企业导师提供专业技术支持。

由于本书内容涉猎广泛,编者教学经验有限,书中疏漏之处在所难免,恳请读者赐正。

编 者

2025年1月

教学课件

目　录
CONTENTS

项目一　综合制造项目的策划 ……………………………………………… 1
　任务一　模具企业的生产运作流程 ……………………………………… 2
　任务二　模具的价格估算及报价 ………………………………………… 5
　任务三　模具制造项目实施流程 ………………………………………… 11

项目二　制定收纳盒模具工艺规程 ………………………………………… 16
　任务一　模具的加工方法及制造精度 …………………………………… 16
　任务二　编写收纳盒模具零件的工艺过程卡 …………………………… 24

项目三　收纳盒模具数控铣加工前的准备 ………………………………… 32
　任务一　导入模型，设置坐标系 ………………………………………… 35
　任务二　创建加工刀具 …………………………………………………… 47
　任务三　创建孔加工程序 ………………………………………………… 60
　任务四　创建粗加工程序 ………………………………………………… 73
　任务五　创建精加工程序 ………………………………………………… 84
　任务六　模拟仿真检查 …………………………………………………… 98
　任务七　NX用户默认后处理加载 ……………………………………… 111

项目四　收纳盒模具主要零件数控铣CAM编程 ………………………… 120
　任务一　A板模仁数控铣CAM编程 …………………………………… 120

项目五　收纳盒模具成型零件CNC粗加工 ……………………………… 164
　任务一　加工前的准备 …………………………………………………… 171
　任务二　加工前的工具检查及材料的处理 ……………………………… 184
　任务三　工件的装夹 ……………………………………………………… 185
　任务四　刀具的安装与对刀 ……………………………………………… 189

　　　　任务五　启动机床加工 ………………………………………………… 195
　　　　任务六　设备关机与保养 ………………………………………………… 197
　　　　任务七　成型零件的质量检测与评价 …………………………………… 199

项目六　收纳盒模具零件线切割加工 …………………………………………… 200
　　　　任务一　线切割设备的开机及加工前的准备工作 ……………………… 205
　　　　任务二　机床上丝与钼丝校正 …………………………………………… 212
　　　　任务三　工件的装夹及校正 ……………………………………………… 215
　　　　任务四　镶件线切割加工 ………………………………………………… 216
　　　　任务五　机床关机与定期保养 …………………………………………… 218
　　　　任务六　零件质量检测与评价 …………………………………………… 221

项目七　收纳盒模具材料热处理 ………………………………………………… 223
　　　　任务一　收纳盒模具零件热处理 ………………………………………… 227

项目八　收纳盒模具成型零件磨床加工 ………………………………………… 232
　　　　任务一　磨床设备的开机及加工前的准备工作 ………………………… 236
　　　　任务二　安装砂轮及砂轮打平 …………………………………………… 242
　　　　任务三　型腔适配磨削加工 ……………………………………………… 244
　　　　任务四　磨床关机与维护 ………………………………………………… 247

项目九　收纳盒模具成型零件 CNC 精加工 …………………………………… 250
　　　　任务一　加工前的准备 …………………………………………………… 257
　　　　任务二　加工前的工具检查以及材料的处理 …………………………… 261
　　　　任务三　工件的装夹 ……………………………………………………… 261
　　　　任务四　刀具的安装与对刀 ……………………………………………… 262
　　　　任务五　启动机床加工 …………………………………………………… 263
　　　　任务六　设备关机与保养 ………………………………………………… 265
　　　　任务七　成型零件的质量检测与评价 …………………………………… 265

项目十　收纳盒模具零件电火花加工 …………………………………………… 269
　　　　任务一　电火花设备的开机及加工前的准备工作 ……………………… 271
　　　　任务二　加工前的工件测量以及加工深度的确定 ……………………… 276
　　　　任务三　电极的安装 ……………………………………………………… 277
　　　　任务四　工件装夹 ………………………………………………………… 279
　　　　任务五　工件对刀及加工 ………………………………………………… 280
　　　　任务六　电火花机床关机与维护 ………………………………………… 282

项目十一　收纳盒模具钳工加工与装配 ······ 286

- 任务一　模具主要零件检测 ······ 287
- 任务二　模仁配框 ······ 289
- 任务三　定位圈、浇口套配作 ······ 291
- 任务四　点浇口锥度孔修配 ······ 292
- 任务五　斜顶及模仁配作 ······ 293
- 任务六　斜顶及斜顶座配作 ······ 294
- 任务七　前模与后模配模 ······ 295
- 任务八　型芯、型腔省模及抛光 ······ 297
- 任务九　模具装配 ······ 298

项目十二　收纳盒模具试模与制件验收 ······ 302

- 任务一　模具试水 ······ 303
- 任务二　模具注塑机装配 ······ 305
- 任务三　模具试模参数设置 ······ 306
- 任务四　模具试模注塑 ······ 309
- 任务五　制件功能、成型质量控制 ······ 310
- 任务六　模具的验收 ······ 311
- 任务七　模具的入库与发放 ······ 312

参考文献 ······ 315

综合制造项目的策划

项目目标

本项目以制定收纳盒模具的制造流程为目的,让学生了解模具生产企业中各部门的工作职责内容、各部门之间的关系和相互协作的工作内容,完成模具的报价,并说出模具制造全流程,分析零件图纸,确定其需要加工的位置和加工所需要用的机床,并能在后续项目中合理地编写收纳盒模具制造流程单与制造工艺单。

(1) 能说出企业的生产运作流程,了解企业的框架结构。
(2) 能正确分析模具结构,确定零件的制造工艺。
(3) 能完成模具的价格估算及报价。
(4) 能说出企业中各部门在模具制造中所负责的工作内容。
(5) 能说出企业中各部门之间关系网和所需要协作的内容。
(6) 能说出企业中模具的制造流程。
(7) 能根据工作内容合理安排工作任务,编写收纳盒模具制造流程单与制造工艺单。
(8) 根据模具企业的工作流程,结合自身性格选择适合自己的职业规划。

项目描述

本项目通过分析企业各个部门的职责功能,每个岗位的工作内容,模具在前期的报价工作需要注意的细节和生产成本的计算以及模具制造过程中的环节,描述企业生产的运作流程与制造流程。要提高制造企业的效益,获得最大的投入产出比,就必须总体把握,优化协调各方面的资源,减少不必要的开支,减少浪费,控制各环节的成本,这样才能使企业整体效益最大化。

项目流程

任务一　模具企业的生产运作流程　　　　　(2课时)
任务二　模具的价格估算及报价　　　　　　(2课时)
任务三　模具制造项目实施流程　　　　　　(2课时)

任务一　模具企业的生产运作流程

任务目标
(1) 能说出企业的生产运作流程。
(2) 能说出企业的框架结构。
(3) 能说出企业中各部门在模具制造中所负责的工作内容。
(4) 能说出企业中各部门之间关系网和所需要协作的内容。
(5) 根据模具企业的工作流程，结合自身性格选择适合自己的职业规划。

知识学习

(一) 模具企业的部门职责

模具企业基本包括市场部、项目部、设计部、生产部、注塑部、质检部和采购部这七个部门，如图 1-1-1 所示。

模具企业各部门职责功能	
市场部	开发业务订单、报价、确认及其他的联络事宜，在公司内下达模具开发任务书。
项目部	根据业务部的模具开发任务书和公司的新产品规划制订模具的开发计划(包括公司内自用模具的开发任务书编制)，将其下达给有关部门，并负责进度管理和协调等。
设计部	根据企划的设计通知单要求设计模具，在制造及试模过程中进行技术指导，对试模样品进行评估。
生产部	负责按照模具图进行制造、检验、试模，并将模具移交入库等。日常还要进行模具的修配与维护。
注塑部	按照公司规定的操作流程完成工作，保证产品产量以及产出数量。日常维护设备确保正常生产。
质检部	负责模具各部件制造过程中的检测，外协采购零件验收检测以及进行模具试模后的产品品质检测。
采购部	负责日常所需的一切采购，包括采购后的验收，并且保存整理好相关材料。

图 1-1-1　模具企业各部门职责功能

(二) 企业各部门工作内容

市场部：

(1) 市场部接受客户订单及图面(样品)，经主管核准，提交设计部进行可行性评估，并根据评估报告进行处理。

(2) 市场部下达模具开发任务书给企划部，工作内容包括产品名称、预计产量、进度要求，并附产品图面或样品。

项目部：

(1) 项目部接到模具开发任务书后，根据要求进行整体计划设计。

(2) 企划根据公司新品开发计划中模具开发的需要编制模具开发任务书，并进行计划设计。

(3) 下达设计通知单给设计部，内容包括产品名称、料号、模具名称和进度要求，并附产品图面(样品)及模具开发任务书。

设计部：

（1）方案确定：设计部接到模具设计任务后，根据产品图面（样品）、预计产量、材质及公司已有模具和材料规格，进行模具设计方案论证，确定模具结构方案，报主管核准；如有不妥处，反馈给市场部。

（2）模具设计方案论证：为保证低成本且能满足客户要求，必要时应根据产品、材质、产量进行方案论证以确定最佳方案。

（3）图面确认：设计部应对客户图面进行研究消化，绘制正式图面，交业务反馈给客户确认。保存经确认的图面。

（4）图面发行：根据确认的图面绘制正式图面，并按规定发行。

（5）模具设计。

① 根据核准的模具设计方案及经确认的产品图面进行模具设计。

② 模具设计图面必须经审核、批准后方能生效。

③ 经批准后的模具图面，由设计部按《工程文件夹管理程序》的规定发放到有关单位，并实施跟踪管理。

（6）模具材料及其采购计划：设计部根据模具设计，确定试模材料的规格后通知企划部，由企划部向采购部下达采购计划（包括进度、数量）。

生产部：

（1）模具零件的制造：生产部按照模具设计图来组织制造，确保零件符合图面要求；需外发加工的，由生产部提出，主管组织实施。

（2）模具组装：按照模具设计方案进行模具组装，组装前要严格检查零件质量，组装时严格执行操作规范，防止错装、反装、不到位的现象出现。

（3）模具零件的检测：模具零件制造完成后，必须经过质检，包括尺寸、表面粗糙度、硬度等；不符合图纸要求的需经设计人员签字同意后方能使用，必要时修改图面以保持图面及实物的一致性。

（4）模具修配：当模具出现质量问题时，生产部应及时反映，记录并解决问题，保留解决问题的方案。

注塑部：

注塑部设备生产公司的技术工作人员负责产品加工生产，从业者需要具备专业技能和吃苦耐劳的精神，能适应两班倒。

工作内容如下。

（1）按照公司规定的操作流程完成工作，如实填写日报表。

（2）遵守产品质检标准，进行每一批产品生产时需先交付两模，首件确认质量合格后可批量生产。

（3）发现质量问题或设备异常时需及时向主管反映，未经允许，不得擅自修改工艺参数。

（4）做好废品料缸以及工作设备的清洁工作，将剩余材料放到指定位置保存，不得浪费。

(5) 交接班时，需将设备运转情况、生产进度或注意事项等重要因素交代清楚，若在交接中出现问题，需及时向上级反映，避免造成工期延误。

(6) 服从上级安排，完成领导交办的其他相关工作。

质检部：

(1) 进料检测：模具材料、标准件、自制件，在进厂前进行第一次检测。

(2) 过程检测：模具零件在加工过程中各工序的检测，采购件的验收检测，并做好检测记录。

(3) 产品检测：试模出的产品由品管进行检测，根据检测结果做出评估报告，交设计部确认（具体作业请参见试模作业程序）。

(4) 品质确认：品质管理人员根据评估报告的检测数据和产品的质量要求，对产品进行评估，确认合格时模具可按规定进行移交和投入生产；产品不合格时由项目部提出改善方案，生产部进行修模，重新试模直至合格。

采购部：

(1) 物资采购：模具材料、试模材料及相关物品的采购。

(2) 验收：模具材料的验收、试模材料的验收、模具及其零部件和相关物品的存放。

(3) 保存：将最终版的模具设计图、三维模型和生产工艺文件归档保存。

任务实施

(1) 模具企业的基本部门包括_____、_____、_____、_____、_____、_____和_____。

(2) 市场部接受客户订单及图面（样品），经主管核准后，提交_____进行可行性评估。

(3) 项目部接到模具开发任务书后，进行整体计划设计，并下达_____给设计部。

(4) 设计部根据模具设计任务，进行模具设计方案论证并确定模具_____方案。

(5) 设计部应对客户图面进行研究消化，绘制正式图面，并交业务反馈给_____进行确认。

(6) 生产部按照模具设计图来组织制造，确保零件符合_____要求。

(7) 注塑部负责产品的加工生产，遵守产品质检标准，并进行首件确认质量合格后才可进行_____生产。

(8) 根据企业各个部门的工作内容，结合自身性格特点选择自己最想从事的部门并阐述原因。

(9) 简述模具企业运作中每个部门的作用，要求能说出各部门之间的关系和相互协作的工作内容。

(10) 请叙述模具企业中模具的制造业务包括的内容有哪些。

总结评价

根据本任务学习，完成表 1-1-1。

表 1-1-1　总结评价表

班级		姓名		学号		日期	年　月　日
学习任务名称：							
自我评价	能否说出企业中各部门在模具制造中所负责的工作内容					□能　□否	
	能否说出企业中各部门之间的关系网和所需要协作的内容					□能　□否	
	能否说出企业中模具的制造流程					□能　□否	
	在完成任务时遇到了哪些问题？是如何解决的？						
	能否独立完成工作页的填写					□能　□否	
	能否按时上、下课，着装规范					□能　□否	
	学习效果自评等级					□优　□良　□中　□差	

任务二　模具的价格估算及报价

任务目标

(1) 能说出模具价格的各项组成要素。
(2) 能说出不同模具材料的特点及其价格。
(3) 能说出模具的常用报价方法和技巧。
(4) 能估算出模具的各项费用及总和。
(5) 能独立完成报价单的填写。

知识学习

模具报价常用方法如下。

（一）经验计算法

模具价格＝材料费＋设计费＋加工费与利润＋增值税＋试模费＋包装运输费
各项比例通常如下。
(1) 材料费：材料及标准件占模具总费用的 25%～35%。
(2) 设计费：模具总费用的 10%～15%。
(3) 加工费：模具总费用的 30%～40%。
(4) 利润：模具总费用的 15%～25%。
(5) 增值税：13%。
(6) 试模费：大中型模具可控制在模具总费用的 3% 以内，小型精密模具控制在 5% 以内。
(7) 包装运输费：可按实际计算或按模具总费用的 3% 计。

（二）材料系数法

根据模具尺寸和材料价格可计算出模具材料费。

$$模具价格 = (3\sim10)\times材料费$$
$$锻模、塑料模 = 6\times材料费$$
$$压铸模 = 10\times材料费$$

模具报价估计时应注意以下方面。

（1）首先要看客户的要求，因为客户要求决定材料的选择以及热处理工艺。

（2）选择材料，绘出一个粗略的模具方案图，从中算出模具的重量（计算出模芯材料和模架材料的价格）和热处理需要的费用（都是毛坯重量）。

（3）根据模芯的复杂程度，加工费用与模芯材料价格的关系一般是(1.5~3)∶1，与模架的加工费用的关系一般是1∶1。

（4）风险费用是以上总价的10%。

（5）增值税为13%。

（6）设计费用是模具总价的10%。

案例 药盒三维建模，如图1-2-1所示。

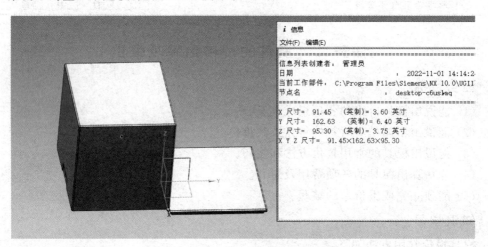

图1-2-1 药盒三维建模图

材料价格估算：如图1-2-1所示，产品尺寸 $X=91.45$ mm，$Y=162.63$ mm，$Z=95.30$ mm，这里因为产品太深，采用整体模仁来节约成本。

推算出模架为2030模架（一般产品大小单边加上50mm，然后往大取整），高度合理设计保证强度，一般模仁最薄处在30mm以上（产品厚度不超过200mm）。

按照模架大小，得出龙记模架价格为4000元（价格基本恒定，由模架公司定价）。

药盒材料报价如表1-2-1所示。

表1-2-1 药盒材料报价

钢材	材质	部件	长/mm	宽/mm	高/mm	单价/元	重量/kg	价格/元
钢材	738HH	前模芯	300	200	90	25	42.4	1059.75
铜公	738HH	后模芯	300	200	40	25	18.8	471.00
	紫铜	电极	110	100	80	78	7.8	610.90

续表

标准配件	SKD61顶针、弹簧、垃圾钉、螺丝、支撑柱、唧嘴、定位圈		800.00
备注	斜顶(√)	行位( ) 总材料费用	6941.65

注：材料价格为实时价格，有起伏波动，具体价格以实际为主。

加工费用估算：加工费用的计算一般按照不同的加工工艺所需价格乘以时间进行估算，如表1-2-2所示。

表1-2-2 加工费用估算

类 别		预计加工时间/h	工时费/元	费用/元
加工中心		10	40	400
电火花		30	30	900
铣加工		45	30	1350
磨加工		5	30	150
抛光		15	50	750
线割	快走丝			
	中走丝			
	慢走丝		80	
热处理				
装配人工		40	25	1000
蚀纹				
雕刻费				
改模费				

工程及其他费用：工程及其他费用如表1-2-3所示。

表1-2-3 工程及其他费用

类 别	费用/元	类 别	费用/元
设计费	500	运输费	300
工程跟进费		管理费	1000
试模费/3次		其他	

模具总价格：模具总价格如表1-2-4所示。

表1-2-4 模具总价格 单位：元

总计模具成本	13291.6	税收13%	1727.87
利润15%	1993.7	模具报价	17013.2

任务实施

请结合上述报价案例对收纳盒进行报价，收纳盒图纸如图1-2-2所示，并填写表1-2-5。

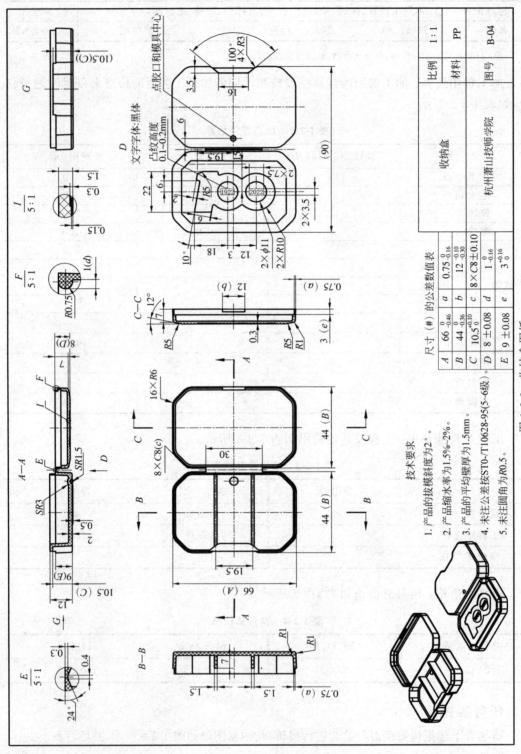

图 1-2-2 收纳盒图纸

表 1-2-5　模具报价单

客户		模具编号		编号		管理编号	
产品名称		外形尺寸		产品外观		颜色	
产品材料		产品重量		模芯材料			
模穴数		模坯形式		制作周期		备注	

(1) 材料费

模具构件		类别/材质		数量		规　　格		价格/元
模坯		√大水口 / □细水口						
		热流道：有□ 无□						
		热唧嘴						
		模具最大外形尺寸：$L \times W \times H =$				(mm)		

		部　件	长/mm	宽/mm	高/mm	质量/kg	单价/元	价格/元
钢材铜公	材质					模具质量：Weight =		
	P20	前模芯					kg	
	P20	后模芯 1						
	P20	后模芯 2						
	紫铜	电极						

标准配件	SKD61 顶针，弹簧，垃圾钉，螺丝，支撑柱，唧嘴，定位圈		
	斜顶（　）	行位（　）	总材料费用
备注			

(2) 加工费

类　别		预计加工时间/h	工时费/元	费用/元
加工中心				
车床加工				
电火花				
铣加工				
磨加工				
抛光				
线割	快走丝			
	中走丝			
	慢走丝			
热处理				
装配人工				
蚀纹				
雕刻费				
改模费				

(3) 工程及其他费用

类　别	费用/元
设计费	
工程跟进费	
试模费/3 次	
运输费	
管理费	
其他	
总计模具成本	
利润 15%	
税收 13%	
模具报价	

检查控制

(1) 检查模具结构是否还有没考虑到的加工位置和难点。
(2) 检查模具材料是否有看错和漏报的情况。
(3) 检查核实产品的精度要求,避免开模后模具精度不够,无法使用。
(4) 根据预估的加工时间,检查加工费用是否正确。

思考练习

(1) 请写出模具的价格是由哪几个部分组成的。
(2) 请举例至少三种制作模具的材料的特点性能以及当前的市场价格。
(3) 请简述模具估价报价的方法和技巧。
(4) 说出模具的三种不同结算方式。

总结评价

根据本任务学习,完成表 1-2-6。

表 1-2-6 总结评价表

班级		姓名		学号		日期	年 月 日
学习任务名称:							
自我评价	能否说出模具价格的组成要素和各个项目价格				□能 □否		
	能否说出模具估价报价的方法和技巧				□能 □否		
	能否说出模具三种不同的结算方式				□能 □否		
	在完成任务时遇到了哪些问题?是如何解决的?						
	能否独立完成工作页的填写				□能 □否		
	能否按时上、下课,着装规范				□能 □否		
	学习效果自评等级				□优 □良 □中 □差		

任务三 模具制造项目实施流程

任务目标

(1) 能说出模具制造的具体流程。
(2) 能说出模具制造过程中需要注意的事项。
(3) 能根据所学知识编写收纳盒模具开发制造流程图。
(4) 能说出模具制造文明生产的要点。

知识学习

模具制造流程概述如下。

(一) 产品结构审核

接到产品实物或图纸后,由模具设计员全面检查产品零件的工艺结构、脱模和质量要求等细节,如有问题,则应与产品设计者沟通并对产品的结构进行合理更改。

(二)模具结构布局

模具结构布局由模具负责人(模具钳工组长)、模具设计员、主管(模具车间主任)三方论证确定,若意见不统一,则少数服从多数。具体工作由模具设计员填写材料采购单,主管审核,文员登记采购。

(三)模具 3D 设计

模具设计员负责具体模具设计,设计中细节如有问题,则应与模具负责人协商解决。若两人意见不统一、处理方案确定困难,则要与主管再次协商确定。

(四)设计与制造的一致性

模具设计员必须对模具设计的合理性和加工图纸的正确性负责,所承担的责任与模具主管的责任等同。模具生产加工一律按图施工,不得随意更改。设计与制造必须正确、统一,这是做好模具的先决条件。

(五)出模具图纸

模具设计完毕,应绘制出相应的结构图、加工图,一律由模具负责人审核签字,图纸审批合格后方可发送车间进行普通加工和数控加工。

(六)确定加工流程

模具加工流程如图 1-3-1 所示。

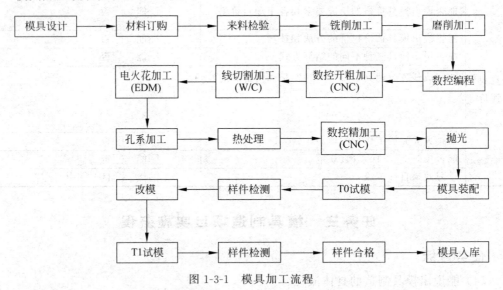

图 1-3-1　模具加工流程

模具负责人对加工工艺负全部责任,每一道工序的加工必须做到尺寸到位、形状准确(特别是有形状要求的)。模具负责人参与模具设计的最终目的就是更好、更合理地安排加工工艺。

(七)按图纸加工时注意事项

按图操作加工时各工种加工组的成员是模具加工工艺的实际操作者,应服从各模具组长加工任务的安排。一般按工艺要求的先后顺序进行零件加工,特殊情况下须由主管在加工图上审核签字后方可提前加工。

（八）毛坯基准的确定

模具工件发送到各工种加工组后，必须先在模板上正确、清楚地标好基准，并与加工示意图和相关加工图纸保持一致，以免影响加工中心、线切割机或车床等加工。要树立正确的观念，不做无数据的主观加工，避免做一步看一步的模糊加工。

（九）异常情况处理

各加工组一律按工件基准、模具零件图纸加工，不得按照模糊图纸、当事人口令进行加工。要严格按上一道工序的图纸指令或负责人图纸指令进行加工，发现问题或加工失误要及时向开模负责人汇报，然后方可再次加工，并确保加工基准准确。

（十）数控加工

对工件进行数控加工之前，模具负责人要配合编程者做加工工艺指导，如碰穿、拆穿、余量缩放和三维电极规划等。放电加工前领取电极，并对其拔模斜度进行检测后方可加工。

（十一）过程监控

模具负责人在加工中途确实发现问题时，必须经模具设计员更改后方可继续加工，模具设计员全权负责中途数据更改，以确保模具的准确加工。一定要注意避免由于没有及时更改而导致加工出错所造成的经济损失。

（十二）加工基准的重要性

在飞模（合模修配）之前要再次检查加工基准（加工基准越少越好），复查各模具零件加工后的实际尺寸，做到了如指掌，然后修正各相关配合尺寸。思想上要意识到：经验固然重要，但数据比经验更重要，一切主观意识都应服从实际尺寸。

（十三）生产计划安排

模具负责人对模具加工时间负全部责任，工作进程中遇到的实际困难要提前提交给主管并进行协商，找出解决问题的具体办法并实施。如果加工组中个别人员不配合，则模具负责人有权投诉，直到问题顺利解决，确保生产正常进行。

（十四）分工职责

模具设计员与模具负责人对模具生产和加工效益负全部责任。模具设计员主要负责图纸正确，指导数控工艺准备。模具负责人主要负责模具的生产调度、工艺安排、模具进度设置，确保本组人员安全、文明生产。

（十五）车间管理

车间主管总负责车间内的安全与文明生产、各区域卫生、模具生产总调度、各组生产配合、模具成本控制、材料进出、外协加工、机床保养和劳动纪律监督等。

上述规定是发生纠纷、事故时进行责任认定的依据。对于违反上述规定且造成重大损失者将从严追究责任，并进行经济处罚，甚至开除。

模具的生产运作流程

任务实施

根据所学知识编写收纳盒模具开发制造流程图，并标注出各个部门的主要工作内容，将完成的收纳盒模具开发制造流程图交予老师审核，如图 1-3-2 所示。

思考练习

（1）根据所学内容思考模具在制造过程中有哪些需要注意的事项，并加以阐述。

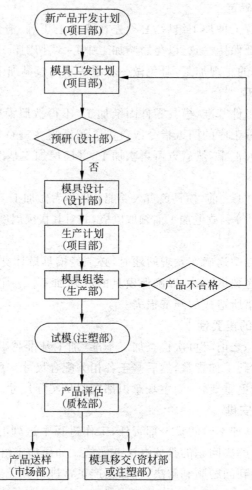

图 1-3-2 收纳盒模具开发制造流程参考框架

（2）写出文明生产应该遵守的规章制度有哪些。
（3）简要说出模具制造过程中各部门的协作流程。

总结评价

根据本任务学习，完成表 1-3-1。

表 1-3-1 总结评价表

班级		姓名		学号		日期	年 月 日
学习任务名称：							
自我评价	能否清楚地说出模具制造过程中的注意事项					□能 □否	
	能否说出模具制造文明生产的要点					□能 □否	
	能否根据所学知识编写收纳盒模具开发制造流程图					□能 □否	

续表

自我评价	在完成任务时遇到了哪些问题？是如何解决的？	
	能否独立完成工作页的填写	□能　□否
	能否按时上、下课，着装规范	□能　□否
	学习效果自评等级	□优　□良　□中　□差

项目二 制定收纳盒模具工艺规程

Project 2

项目目标

通过学习模具零部件的加工工艺,完成收纳盒模具主要零件生产工艺规程单的编写并制订生产计划。

(1) 能说出模具常用的加工方法和加工特点。
(2) 能正确阐述工艺中专业名词的定义。
(3) 能熟悉加工工艺规程的编制。
(4) 能根据零件的加工过程正确编写模具加工工艺过程单。
(5) 能根据模具加工零件的工艺编写加工工艺卡。

项目描述

本次任务是通过学习工艺知识,学习模具的常用加工方法,掌握工艺过程的编写步骤、内容和格式。根据工艺过程,能够独立完成对收纳盒模具主要零件生产工艺过程单和加工工艺卡的编写。工艺规程是企业生产的指导性和规范性文件,对保障产品质量、规范生产过程、维护生产秩序具有重要意义。在编制加工工艺规程时,必须在保证零件质量要求的前提下,提高劳动生产率并降低生产成本。

项目流程

任务一　模具的加工方法及制造精度　　　　（2课时）
任务二　编写收纳盒模具零件的工艺过程卡　（2课时）

任务一　模具的加工方法及制造精度

任务目标

(1) 能说出模具的常用加工方法及运用场景。
(2) 能描述不同加工方法的加工工艺特点和制造精度。

(3) 能说出几种热处理的方式及热处理后材料的性能。

知识学习

（一）模具的加工方法

模具的加工方法大致可以分为切削机床加工、特种加工、模具钳工加工三大类。使用不同的加工方法前应先了解加工方法的特点及其在模具加工中的运用，如表 2-1-1 所示。

表 2-1-1　模具的常见加工应用与加工工艺特点表

方法	时间	精度	成本	加工工艺特点描述	模具加工一般运用
锯床	短	低	低	材料切割	各种金属材料的下料
钻床	短	低	低	只能加工圆形的孔，对于一般的钻头，工件材料的硬度不超过40HRC	冷却水路、推杆孔、螺纹底孔、定位孔等孔类加工。可加工精度要求低的孔，或为精度要求高的孔开粗
车床	中	中	中	一般加工圆柱的工件、轴及环形槽，工件材料的硬度一般不超过50HRC	支撑柱、定位圈、浇口套、导套、圆形镶件等的内外圆加工
铣床	中	中	中	不能加工曲面，工件的硬度一般不超过50HRC	A/B板开框、滑块槽、码模槽、撬模槽、滑块、压板、耐磨块预加工，锁紧块、定位板、挡板的加工，规则内模、滑块、镶件、铜电极加工或预加工
平面磨床	中	高	中	不能加工曲面	滑块、压板、耐磨块、内模、镶件以及其他表面光洁度要求较高的平面
CNC	长	高	高	能加工包括曲面在内的大多数模具，但有的地方不能完全加工，例如腔体侧壁的直角	A/B板开框，滑块导向槽、码模槽、撬模槽、浇口套孔、滑块、镶件、内模等异形零件加工；重要零件加工
线切割	长	高	高	不能加工盲孔，不能加工不导电材料	内模、滑块、镶件、斜顶、斜顶座以及各种直身面的加工
电火花	长	高	高	需配对应特征的电极。不受材料硬度及热处理状况影响	内模、滑块、镶件成型面加工；重要的尺寸加工，CNC 等后续清角
深孔钻	短	中	高	刀杆受孔径的限制，直径小，长度大，造成刚性差，强度低	内模、模架的冷却水路和推杆孔
抛光	长	—	低	需提前保证加工部分能容纳抛光工具	模具成型零件，模具火花机加工的后续工序
铸钢铸铜	长	低	高	一定要有模型，加工出来的产品易渗水	玩具类模具且花纹较多的内模、滑块、镶件

（二）钳工加工

1. 钳工作业常见操作

钳工加工是辅助性操作、切削加工、机械装配和修理作业中的手工作业（图2-1-1），因常在钳工台上用虎钳夹持工件操作而得名。钳工作业主要包括錾削、锉削、锯切、划线、钻削、铰削、攻丝和套丝（常见螺纹加工）、刮削、研磨、矫正、弯曲和铆接等操作。钳工是机械制造中最古老的金属加工技术。

图 2-1-1　钳工加工

辅助性操作即划线,根据图样在毛坯或半成品工件上画出加工界线的操作。

切削性操作有錾削、锯削、锉削、攻螺纹、套螺纹、钻孔(扩孔、铰孔)、刮削和研磨等多种操作。

装配性操作即装配,将零件或部件按图样技术要求组装成机器的工艺过程。

维修性操作即维修,对在役机械、设备进行维修、检查、修理的操作。

2. 钳工加工优缺点

钳工有三大优点,可概括为加工灵活、可加工形状复杂和高精度的零件、投资小。

(1) 加工灵活。在不适于机械加工的场合,尤其是在机械设备的维修工作中,钳工加工可获得满意的效果。

(2) 可加工形状复杂和高精度的零件。技术熟练的钳工可加工出比现代化机床加工零件还要精密和光洁的零件,可以加工出现代化机床也无法加工的、形状非常复杂的零件,如高精度量具、样板或开头复杂的模具等。

(3) 投资小。钳工加工所用工具和设备价格低廉,携带方便。

同时,钳工有两大缺点。

(1) 生产效率低,劳动强度大。

(2) 加工质量不稳定:加工质量的高低受工人技术熟练程度的影响。

钳工是一种比较复杂、细微、工艺要求较高的工作。钳工加工与数控加工相比,具有所用工具简单,加工方式多样灵活,操作方便,适应面广等优点,故有很多工作需要由钳工来完成,在机械制造及机械维修中有着特殊的、不可取代的作用。其缺点是劳动强度大、生产效率低、对工人技术水平要求较高。

(三) 数控铣

数控铣是用来加工棱柱形零件的机加工工艺(图 2-1-2)。有一个旋转的圆柱形刀头和多个出屑槽的铣刀,铣刀通常称为端铣刀或立铣刀,可沿不同的轴运动,用来加工狭长空、沟槽、外轮廓等。进行铣削加工的机床称为铣床,数控铣床通常是指数控加工中心。

数控铣的特点有:零件加工的适应性强、灵活性好,能加工轮廓形状特别复杂或难以控制尺寸的零件,如模具类零件、壳体类零件等。

图 2-1-2　数控铣加工

(1) 能加工普通机床无法加工或很难加工的零件,如用数学模型描述的复杂曲线零件以及三维空间曲面类零件。

(2) 能加工一次装夹定位后需进行多道工序加工的零件。

(3) 加工精度高,加工质量稳定可靠。

(4) 生产自动化程度高,可以减轻操作者的劳动强度,有利于生产管理自动化。

(5) 生产效率高。

(6) 从切削原理上讲，无论是端铣还是周铣，都属于断续切削方式，而不像车削那样连续切削，因此对刀具的要求较高，需要具有良好的抗冲击性、韧性和耐磨性。在干式切削的状况下，还要求有良好的红硬性。

（四）磨削

磨削是利用高速旋转的砂轮等磨具加工工件表面的切削加工工艺（图2-1-3），可用于加工各种工件的内外圆柱面、圆锥面和平面，以及螺纹、齿轮和花键等特殊复杂的成型表面。由于磨粒的硬度很高，磨具具有自锐性，磨削可以用于加工各种材料，包括淬硬钢、高强度合金钢、硬质合金、玻璃、陶瓷和大理石等高硬度金属和非金属材料。

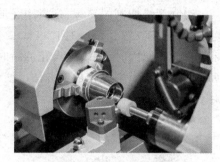

图 2-1-3　磨削加工

磨削特点如下。

(1) 磨削速度很高，可达 30～50m/s；磨削温度较高，可达 1000～1500℃；磨削过程历时很短，只有万分之一秒左右。

(2) 磨削加工可以获得较高的加工精度和很小的表面粗糙度值。

(3) 磨削不仅可以加工软材料，如未淬火钢、铸铁等，还可以加工淬火钢及其他刀具不能加工的硬质材料，如瓷件、硬质合金等。

(4) 磨削时的切削深度很小，在一次行程中所能切除的金属层很薄。

(5) 当磨削加工时，会从砂轮上飞出大量细的磨屑，从工件上飞溅出大量的金属屑。磨屑和金属屑都会使操作者的眼部遭受危害，尘末吸入肺部也会对身体造成伤害。

(6) 由于砂轮质量不良、保管不善、规格型号选择不当、安装出现偏心或给进速度过大等原因，磨削时可能造成砂轮的碎裂，从而导致工人遭受严重的伤害。

(7) 在靠近转动的砂轮进行手工操作时，如磨工具和清洁工件，或者砂轮修正方法不正确时，工人的手可能碰到砂轮或磨床的其他运动部件而受到伤害。

(8) 磨削加工时产生的噪声最高可达 110dB 以上，如不采取降低噪声的措施也会给工人的身体健康造成影响。

（五）数控车床

数控车床是使用较广泛的数控机床之一，主要用于轴类零件或盘类零件的内外圆柱面、任意锥角的内外圆锥面、复杂回转内外曲面和圆柱、圆锥螺纹等切削加工，并能进行切槽、钻孔、扩孔、铰孔及镗孔等（图2-1-4）。

图 2-1-4　数控车床加工

数控机床与普通机床相比具有以下特点。

(1) 可进行多坐标的联动，能加工形状复杂的零件。

(2) 加工零件改变时，一般只需要更改数控程序，可节省生产准备时间。

(3) 机床本身的精度高、刚性大，可选择有利的加工用量，其生产效率高（一般为普通机床的3～5倍）。

(4) 机床自动化程度高，可以减轻工人劳动强度。

(5) 对操作人员的素质要求较高，对维修人员的技术要求更高。

（六）线切割

线割是线切割的简称，是指用线形工具（如金属线、钼丝等）对原材料（导电材料）进行切割属电加工（图 2-1-5 和图 2-1-6）。苏联拉扎连科夫妇研究开关触点受火花放电腐蚀损坏的现象和原因时，发现电火花的瞬时高温可以使局部的金属熔化、氧化而被腐蚀掉，从而开创和发明了电火花加工方法。线切割机于 1960 年发明于苏联，我国是第一个将其应用于工业生产的国家。

图 2-1-5　线切割加工

图 2-1-6　线切割加工成品

线切割主要应用于：加工模具；加工具有微细结构的零件；加工复杂形状的零件；加工硬质导电材料；新产品试制和贵重金属下料。

线切割的特点如下。

(1) 直接利用 0.03～0.35mm 金属线作电极，不需要特定形状，可节约电极的设计和制造费用。

(2) 不管工件材料硬度如何，只要是导体或半导体材料都可以加工，而且电极丝损耗小，加工精度高。

(3) 适合小批量、形状复杂零件、单件和试制品的加工，且加工周期短。

(4) 线切割加工中，电极丝与工件不直接接触，两者之间的作用很小，故工件的变形小，电极丝、夹具不需要太高的强度。

(5) 工作液采用水基乳化液，成本低，不会发生火灾。

(6) 不适合加工形状简单的大批量零件，也不能加工不导电的零件。

（七）电火花

利用火花放电时产生的腐蚀现象对材料进行尺寸加工的方法叫作电火花加工（图 2-1-7）。电火花特点如下。

(1) 电火花属于不接触加工，工具电极和工件之间并不直接接触，而是有一个火花放电间隙，这个间隙一般为 0.05～0.3mm，有时可能达到 0.5mm，甚至更大，间隙中充满工作液，加工时通过高压脉冲放电，对工件进行放电腐蚀。

(2) 可以"以柔克刚"。由于电火花加工直接利用电能和热能去除金属材料，与工件材料的强度和硬度等关系不大，因此可以用软的工具电极加工硬的工件，实现"以柔克刚"。

图 2-1-7　电火花加工

(3) 可以加工任何难加工的金属材料和导电材料。由于加工中材料的去除是靠放电时的电、热作用实现的，材料的可加工性主要取决于材料的导电性及热学特性，如熔点、沸点、比热容、导热系数和电阻率等，而几乎与其力学性能（硬度、强度等）无关。这样可以突破传统切削加工对刀具的限制，实现用软的工具加工硬、韧的工件，甚至可以加工聚晶金刚石、立方氮化硼一类的超硬材料。

(4) 可以加工形状复杂的表面。由于可以简单地将工具电极的形状复制到工件上，因此特别适用于复杂表面形状工件的加工，如复杂型腔模具加工等。特别是数控技术的采用，使得用简单的电极加工复杂形状零件成为现实。

(5) 可以加工特殊要求的零件。可以加工薄壁、弹性、低刚度、微细小孔、异形小孔和深小孔等有特殊要求的零件，也可以在模具上加工细小文字。由于加工中工具电极和工件不直接接触，没有机械加工的切削力，因此适宜加工低刚度工件及微细加工。

（八）**热处理**

热处理是指材料在固态下，通过加热、保温和冷却的手段，以获得预期组织和性能的一种金属热加工工艺（图 2-1-8）。热处理主要包括以下五种方式。

图 2-1-8　热处理

1. 退火

退火是一种金属热处理工艺，是指将金属缓慢加热到一定温度，保持足够时间，然后以适宜速度冷却。目的是降低硬度，改善切削加工性；降低残余应力，稳定尺寸，减少变形与裂纹倾向；细化晶粒，调整组织，消除组织缺陷。

2. 正火

正火是一种改善钢材韧性的热处理。将钢构件加热到 A_{c3} 温度以上 30～50℃后，保温一段时间出炉空冷。主要特点是冷却速度快于退火而低于淬火，正火时可在稍快的冷却中使钢材的结晶晶粒细化，不但可得到满意的强度，而且可以明显提高韧性（AKV 值），降低构件的开裂倾向。

3. 淬火

淬火是将金属工件加热到某一适当温度并保持一段时间,随即浸入淬冷介质中快速冷却的一种金属热处理工艺。常用的淬冷介质有盐水、水、矿物油和空气等。淬火可以提高金属工件的硬度及耐磨性,因而广泛用于各种工、模、量具及要求表面耐磨的零件(如齿轮、轧辊、渗碳零件等)。淬火的目的是使过冷奥氏体进行马氏体或贝氏体转变,得到马氏体或贝氏体组织,然后配合不同温度的回火,以大幅提高钢的刚性、硬度、耐磨性、疲劳强度以及韧性等,从而满足各种机械零件和工具的不同使用要求。也可以通过淬火满足某些特种钢材的铁磁性、耐蚀性等特殊的物理、化学性能。

4. 回火

回火是将经过淬火的工件重新加热到低于下临界温度 A_{c1} (加热时珠光体开始向奥氏体转变的温度)的适当温度,保温一段时间后在空气或水、油等介质中冷却的一种金属热处理工艺。或将淬火后的合金工件加热到适当温度,保温若干时间,然后缓慢或快速冷却。一般用于减小或消除淬火钢件中的内应力,或者降低其硬度和强度,以提高其延性或韧性。淬火后的工件应及时回火,通过淬火和回火的相配合,才可以获得所需的力学性能。

5. 渗碳

采用渗碳方式的多为低碳钢或低合金钢,具体方法是将工件置入具有活性渗碳介质中,加热到 900~950℃ 的单相奥氏体区,保温足够时间后,使渗碳介质中分解出的活性碳原子渗入钢件表层,从而获得表层高碳,芯部仍保持原有成分。其目的是提高工件表面材料的含碳量,以便在后续淬火工序中得到高的表面硬度,同时保持芯部韧性。

任务实施

(1) 模具的加工方法大致可以分为_____、_____、_____三大类。

(2) 平面磨床不能加工曲面,加工精度较_____。

(3) CNC 能加工包括_____在内的大多数模具特征,但有的地方不能完全加工,例如_____。

(4) 线切割不能加工_____,不能加工_____。

(5) 钳工加工具有加工灵活、可加工_____和_____的零件、投资小的优点。

(6) 钳工加工有生产效率_____和劳动强度_____、加工质量_____的缺点。

(7) 数控铣是用来加工棱柱形零件的机加工工艺,能加工_____或_____的零件。

(8) _____是将金属工件加热到某一适当温度并保持一段时间,随即浸入淬冷介质中快速冷却的一种金属热处理工艺。常用的淬冷介质有_____、_____、_____和_____等。

(9) 淬火的目的是使过冷奥氏体进行_____或_____转变,然后配合不同温度的_____,以大幅提高钢的_____、_____、_____、_____以及_____等,从而满足各种机械零件和工具的不同使用要求。

(10) 分析模具 A 板,图纸如图 2-1-9 所示,请阐述 A 板需要用到哪些加工工艺,哪些加工方法的组合可以更省时间,哪些加工方法的组合可以更省加工成本,并能准确叙述为什么选择这些加工方法。

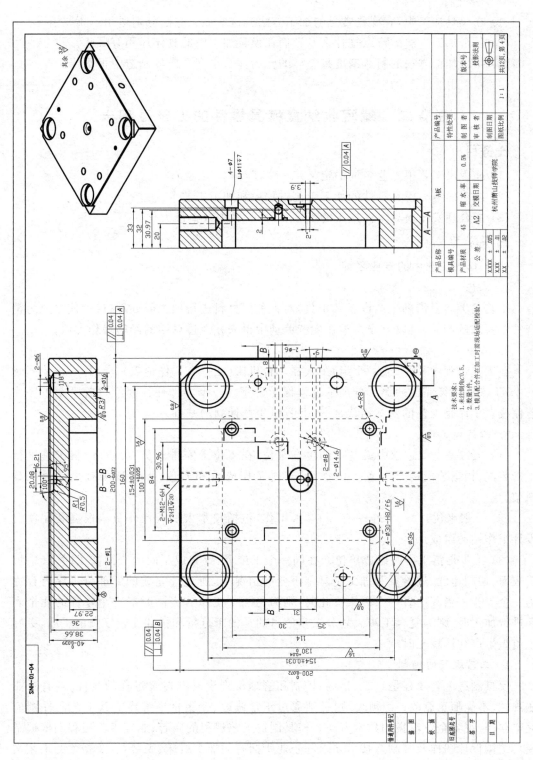

图 2-1-9　A 板图纸

思考练习

(1) 在模具加工中,有哪些常见的加工方法?这些加工方法分别适用于哪些情况?
(2) 各个加工方法的特点是什么?它们在模具加工中的具体运用有哪些?
(3) 每种加工方法的制造精度是怎样的?为什么精度在模具制造中很重要?
(4) 阐述退火工艺的特点。

任务二 编写收纳盒模具零件的工艺过程卡

任务目标

(1) 能说出工艺中专业名词的定义。
(2) 能正确编写模具零件的加工工艺过程单和加工工艺卡。
(3) 能合理安排模具零件加工的工序和时间,做到效率最大化。

知识学习

(一) 认识工艺中的专业名词

1. 工艺

工艺是劳动者借助生产设备及工具,对各种原材料进行加工或处理,最后使之成为符合技术要求的产品,可以看作人类在生产劳动中得来并经过总结的经验操作方法。

2. 工序

在工艺过程中一个(或一个组)工人在一台机床(或一个工作地点)上,对一个(或同时几个)工件所连续完成的那部分加工过程称为工序。一个零件往往要经过若干个工序才能制成。工序是工艺的基本组成部分,并且是生产计划的基础。

3. 工位和工步

(1) 工位是生产过程中最基本的生产单位,在工位上安排人员、设备、原料工具进行生产装配,根据装配项目布置工位现场,安排工作成员和人数,工位现场有工具及工料架。

(2) 一般来说,一个工作站有 2~3 人工作,包括技术人员或操作员。根据装配项目设计工作站的组成。

(3) 工步是指工序的组成单位。在同一个工位上,要完成不同的表面加工时,其中加工表面、切削速度、进给量和加工工具都不变的情况下,所连续完成的那部分工序内容称为一个工步。当其中有一个因素变化时,则为另一个工步。当同时对一个零件的几个表面进行加工时,则为复合工步。划分工步的目的是便于分析和描述比较复杂的工序,更好地组织生产和计算工时。

4. 工艺规程的编制

模具制造工艺规程是组织、指导、控制和管理每副模具制造全过程的文件,具有企业法规性,不能随意删改;若删改,则必须通过正常修改、变更批准程序。其工艺文件则应完整存档,视为企业珍贵的技术资源。模具制造工艺规程的内容、制定工艺规程的依据是模具结构设计图样及其制造技术要求和企业所拥有的加工机床、工装,以及相关的工艺文件资料等企业资源。工艺规程中所包含的内容如表 2-2-1 所示。

表 2-2-1　工艺规程中所包含的内容

工艺规程所包含的项目	工艺规程所包含的内容、确定原则和说明
1. 模具及其零件	模具或零件名称、图样、图号或企业产品号、技术条件和要求等
2. 零件毛坯的选择与确定	毛坯种类、材料、供货状态；毛坯尺寸和技术条件等
3. 工艺基准及其选择与确定	在条件允许的情况下，尽量使工艺基准与设计基准统一、重合
4. 制定模具成型零件制造工艺过程	(1) 分析成型件的结构要素及其加工工艺性； (2) 确定成型件加工方法的顺序，制订工艺计划； (3) 确定加工机床与工装
5. 制定模具装配、试模工艺	(1) 确定装配基准； (2) 确定装配方法和顺序； (3) 标准件检查与补充加工； (4) 装配与试模； (5) 检查与验收
6. 确定工序的加工余量	根据加工技术要求和影响加工余量的因素，采用查表修正法或经验估计法确定各工序的加工余量
7. 计算、确定工序尺寸	采用计算法或查表法、经验法确定模具成型件各工序的工序尺寸与公差（上公差下偏差）
8. 选择、确定加工机床与工装	一、机床的选择与确定 (1) 应使机床的加工精度与零件的技术要求相适应； (2) 应使机床可加工尺寸与零件的尺寸大小相符合； (3) 机床的生产率和零件的生产规模相一致； (4) 选择机床时，应考虑现场所拥有的机床及其状态。 二、工装的选择与确定 (1) 模具零件加工所有工装包括夹具、刀具、检具； (2) 在模具零件加工中，由于是单件制造，应尽量选用通用夹具和机床附有的夹具以及标准刀具； (3) 刀具的类型、规格和精度等级应与加工要求相符合
9. 计算、确定工序、工步切削用量	合理确定切削用量对保证加工质量、提高生产效率、减少刀具的损耗具有重要意义。机械加工的切削用量包括主轴转速（r/min）、切削速度（m/min）、进给量（mm/r）、吃刀量（mm）和进给次数。电火花加工则应合理确定电参数、电脉冲能量与脉冲频率
10. 计算、确定工时定额	在一定的生产条件下，规定模具制造周期和完成每道工序所消耗的时间，不仅对提高工作人员积极性和生产技术水平有很大作用，而且对保证按期完成用户合同中规定的交货期更具有重要的经济、技术意义。工时定额公式为 $$T_{定额}=T_{基本}+T_{辅助}+T_{布置}+T_{休息}+T_{准终}/n$$ $T_{定额}$——工时定额； $T_{基本}$——基本加工时间； $T_{辅助}$——直接用于基本加工的辅助工作时间； $T_{布置}$——布置工作地，如更换刀具、清理切屑、润滑机床等所耗时间； $T_{休息}$——休息与生理需要所耗时间； $T_{准终}/n$——每件所耗的终结时间，$T_{准终}$为进行准备（如阅读图样、领工具等）和终结时送交成品、归还工装等所耗时间

5. 模具加工工艺过程单

模具虽然是单件生产,但是由于它的工艺过程复杂,为了使生产能有秩序地进行,需有必要的工艺文件,根据工艺文件安排作业计划。模具的工艺文件比成批生产要少,一般只需要每个零件的每副模具的模具加工工艺进度表、工艺流程卡片、工序卡片等。模具制造工艺规程的文件形式与模具厂的规模、技术传统、管理水平以及专业化生产水平有关。确定了机械加工工艺过程以后,应以表格或卡片形式将它固定下来,作为指导工人现场操作和用于生产、工艺管理的技术文件,即工艺文件。目前,工艺文件没有统一的格式,但基本内容都是相似的。

分析模具面板,图纸如图 2-2-1 所示,请阐述面板需要用到哪些加工工艺,哪些加工方法的组合可以更省时间,哪些加工方法的组合可以更省加工成本,并能准确叙述为什么选择这些加工方法。

工艺过程单以工序为单位,简要说明模具、模具零部件的加工、装配过程。从中可以了解模具制造的工艺流程和工序的内容,包括使用设备与工装,以及工时定额等。所以,过程卡片是生产准备、编制生产计划和组织生产的依据,是模具制造中的主要工艺文件。

模具面板加工工艺过程单如表 2-2-2 所示。

表 2-2-2 模具面板加工工艺过程单

模具编号:收纳盒模具		零件编号:			材料:S50C	
零件名称:面板		毛坯尺寸:250mm×200mm×30mm			数量:1	
序号	工序名称	工序内容	生产设备	预测工时/h	实际工时/h	制造人	检测
1	普铣正面	平口钳装夹工件加工正面特征	普通铣床	0.5			
2	普铣反面	平口钳装夹工件加工反面特征	普通铣床	0.5			
3	打侧孔	平口钳装夹工件加工侧边孔	普通铣床	0.5			
4	攻丝	平口钳装夹工件,将规格正确的丝锥旋入要攻丝的底孔加工出内螺纹	钳工	0.3			
5	精益生产	给工件去毛刺锐边,涂抹防锈油后存放至指定地点	钳工	0.3			
日期:			编制:		审核:	

（二）模具加工工艺卡

工艺卡片是按模具、模具零部件的某一工艺阶段编制的工艺文件。工艺卡片以工序为单元,详细说明模具、模具零部件在某一工艺阶段的工序号、工序名称、工序内容、工艺参数、设备、工装以及操作要求等。

模具面板加工工艺卡如表 2-2-3 所示。

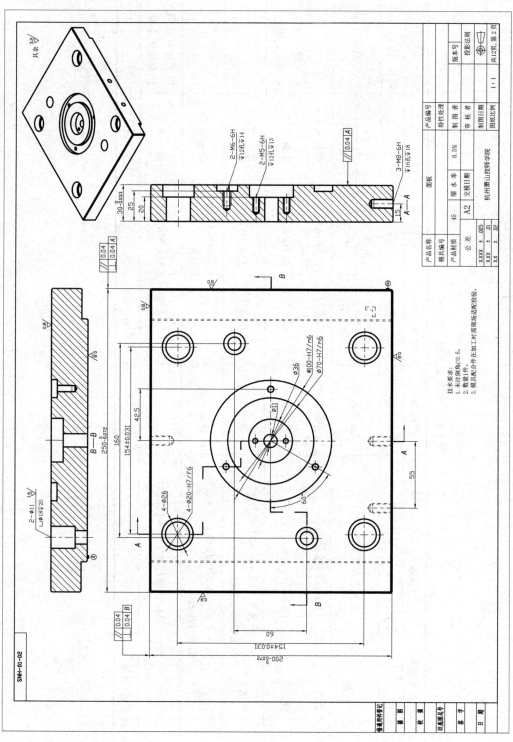

图 2-2-1 面板图纸

表 2-2-3 模具面板加工工艺卡

工艺过程卡名称		模具零件加工工艺		产品名称	收纳盒模具	零件名称	面板
材料	45 钢	零件尺寸	250mm×200mm×30mm			件数	1件
序号	工序名称	工序内容和要求		加工设备	工艺设备		备注
					夹具	刀具	量具	
1	钻孔	钻 3 个 φ11mm 的通孔		普通铣床	平口虎钳	φ11mm 钻头	游标卡尺	
2	铣沉孔	加工 φ36mm 和 φ18mm 沉头孔		普通铣床	平口虎钳	φ12mm 铣刀	游标卡尺	以工序 1 的孔中心作为沉孔中心
3	挖槽	加工大径为 φ100mm 和小径为 φ70mm 的定位环安装槽		普通铣床	平口虎钳	φ12mm 铣刀	游标卡尺	
4	钻孔	钻 3 个 φ5mm 的通孔和 2 个 φ4.2mm 的螺纹底孔		普通铣床	平口虎钳	φ5mm、φ4.2mm 钻头	游标卡尺	
5	攻丝	攻 3 个 M6 的螺纹和 2 个 M5 的螺纹			平口虎钳	M5、M6 丝锥	游标卡尺	以工序 4 的孔中心作为攻丝中心
编制者/日期						审核者/日期	

任务实施

(1) _____是指工序的组成单位。在同一个工位上,要完成不同的表面加工时,其中_____、_____、_____和_____都不变的情况下,所连续完成的那部分工序内容,称为一个工步。当其中有一个因素变化时,则为另一个工步。当同时对一个零件的几个表面进行加工时,则为_____。

(2) 通过所学知识,以面板工艺过程单为例,写出模具中其他零件的加工工艺过程单、加工工艺卡,如表 2-2-4 和表 2-2-5 所示。

表 2-2-4 模具加工工艺过程单

模具编号:			零件编号:		材料:		
零件名称:			毛坯尺寸:		数量:		
序号	工序名称	工序内容	生产设备	预测工时/h	实际工时/h	制造人	检测
日期:			编制:		审核:		

表 2-2-5 加工工艺卡

工艺过程卡名称		产品名称		零件名称		
材料		零件尺寸		件数		
序号	工序名称	工序内容、要求	加工设备	工艺设备		备注
				夹具	刀具	量具
编制者/日期				审核者/日期		

思考练习

(1) 通过对工艺卡的填写,按照实际填写工艺加工 1~2 个零件,并检查工艺卡的填写是否高效合理,如果有不足的地方,指出工艺的不足之处。

(2) 结合实际生产,完成对生产中时间的把控,做到合理地安排时间。完整记录一个零件加工的过程,找出可优化的时间方案并记录下来。

(3) 完成工艺卡的填写后,与同学相互检查,确保工艺安排合理,同时做到效率最大化。

项目三 收纳盒模具数控铣加工前的准备

Project 3

项目目标

分析收纳盒模具 A 板上模框的三维模型和工程图纸,运用 NX 自动编程软件完成收纳盒模具 A 板上模框的数控铣编程,掌握 NX 数控加工自动编程的相关知识。

(1) 能熟练运用 NX 软件完成模型编程前的优化。
(2) 会使用 NX 自动编程常用命令。
(3) 会设置 NX 自动编程加工参数。
(4) 会使用 NX 软件进行程序加工模拟。
(5) 会加载 NX 用户默认后处理。

项目描述

本项目是通过分析收纳盒模具 A 板上模框的三维模型和工程图纸(图 3-1),根据加工工艺卡(表 3-1～表 3-4)信息,运用 NX 自动编程软件完成收纳盒模具 A 板上模框的数控铣编程,掌握 NX 数控加工自动编程的相关知识。为了确保零件加工精度的要求,在安排工序顺序时一般遵循先粗后精、先主后次、先平面后孔系、先基准后其他的原则。

表 3-1 模具加工工艺过程单

模具编号:收纳盒模具		零件编号:		材料:S50C		
零件名称:A 板		毛坯尺寸:200mm×200mm×40mm		数量:1		
序号	工序名称	工序内容	生产设备	预测工时/h	实际工时/h	制造人	检测
1	加工型腔面	平口钳装夹工件,加工型腔面特征	数控铣床	1.5			
2	加工流道面	平口钳装夹工件,加工反面特征	数控铣床	1.5			
3	加工水路孔	平口钳装夹工件,加工水路孔	钻床	0.5			
4	检测	达到图纸要求					

项目三 收纳盒模具数控铣加工前的准备

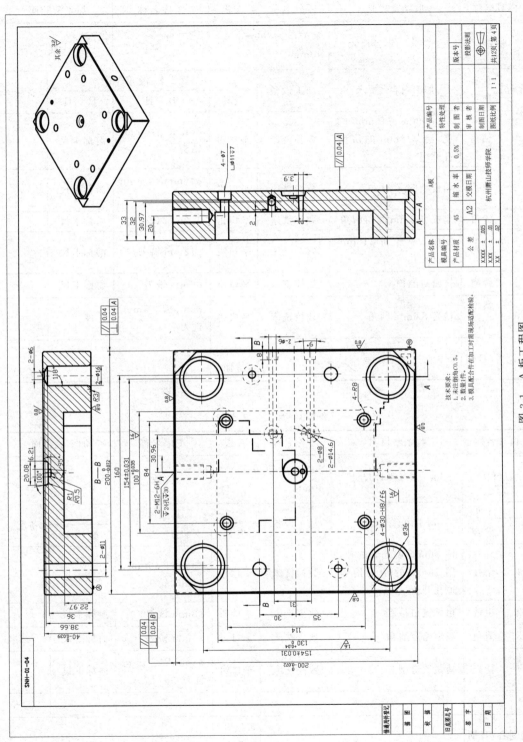

图 3-1 A板工程图

表 3-2 加工工艺卡(1)

模具名称	收纳盒模具		零件名称	A 板	工序名称		加工型腔面	
材料	S50C	零件尺寸	200mm×200mm×40mm		件数		1件	
序号	工步内容	加工内容、要求		加工设备	工艺设备			备注
					夹具	刀具	量具	
1	钻孔	钻 $\phi 6$mm、$\phi 16$mm 的孔,给 $\phi 18$mm 的沉头孔开粗		数控铣床	平口钳	$\phi 6$mm、$\phi 16$mm 钻头	游标卡尺	
2	粗铣	粗铣型腔		数控铣床	平口钳	$\phi 16$mm$R0.8$mm 铣刀	游标卡尺	
3	清角	型腔、$R6$mm 圆角清角		数控铣床	平口钳	$\phi 12$mm 铣刀	游标卡尺	
4	精光	精加工型腔和 $\phi 18$mm 的沉头孔		数控铣床	平口钳	$\phi 12$mm 铣刀	游标卡尺	
5	铣槽	铣密封圈槽		数控铣床	平口钳	$\phi 2$mm 铣刀	游标卡尺	
6	精光曲面	精光 $R6$mm 圆角		数控铣床	平口钳	$\phi 6$mm$R0.5$mm 铣刀	R 规	
编制者/日期					审核者/日期			

表 3-3 加工工艺卡(2)

模具名称	收纳盒模具		零件名称	A 板	工序名称		加工流道面	
材料	S50C	零件尺寸	200mm×200mm×40mm		件数		1件	
序号	工步内容	加工内容、要求		加工设备	工艺设备			备注
					夹具	刀具	量具	
1	钻孔	钻 $\phi 6$mm、$\phi 7$mm 的孔,用 $\phi 3$mm 的钻头给流道孔开粗		数控铣床	平口钳	$\phi 3$mm、$\phi 6$mm、$\phi 7$mm 钻头	游标卡尺	
2	粗铣	粗铣流道型腔		数控铣床	平口钳	$\phi 8$mm 铣刀	游标卡尺	
3	清角	流道型腔清角		数控铣床	平口钳	$\phi 4$mm 铣刀	游标卡尺	
4	精光	精铣流道型腔		数控铣床	平口钳	$\phi 3$mm$R0.5$mm 铣刀	游标卡尺	
5								
编制者/日期					审核者/日期			

表 3-4 加工工艺卡(3)

模具名称		收纳盒模具		零件名称	A 板	工序名称		加工水路孔	
材料		S50C	零件尺寸	200mm×200mm×40mm		件数		1 件	
序号	工步内容	加工内容、要求		加工设备		工艺设备			备注
					夹具	刀具		量具	
1	钻孔	钻 φ6mm 的孔		钻床	平口钳	φ6mm 钻头		游标卡尺	
2	钻孔	钻 G1/8 螺纹底孔		钻床	平口钳	φ8.5mm 钻头		游标卡尺	
3	钻螺纹孔	钻 G1/8 螺纹孔				G1/8 丝锥		螺纹规	
编制者/日期					审核者/日期				

项目流程

任务一　导入模型,设置坐标系　　　　　　　(1 课时)
任务二　创建加工刀具　　　　　　　　　　　(2 课时)
任务三　创建孔加工程序　　　　　　　　　　(2 课时)
任务四　创建粗加工程序　　　　　　　　　　(1 课时)
任务五　创建精加工程序　　　　　　　　　　(2 课时)
任务六　模拟仿真检查　　　　　　　　　　　(2 课时)
任务七　NX 用户默认后处理加载　　　　　　(2 课时)

任务一　导入模型,设置坐标系

任务目标

(1) 能创建编程文件并导入模型。
(2) 能熟练运用软件命令将工件摆正。
(3) 能合理管理图层、备份原始零件图档。
(4) 能运用软件命令编程模型简化操作。
(5) 能正确设置 MCS 系与 WORKPIECE。

任务流程

(1) 导入模型至新建编程文件。
(2) 摆正工件,与绝对坐标系重合。
(3) 图层管理。
(4) 简化模型。
(5) 进入 NX 软件加工模块。
(6) 设置 MCS 与 WORKPIECE。

任务实施

（一）导入模型至新建编程文件

将模型导入新建的编程文件，方便编程操作和文件管理。

1. 打开"收纳盒模具总装图"

（1）单击"打开"按钮，如图 3-1-1 所示。

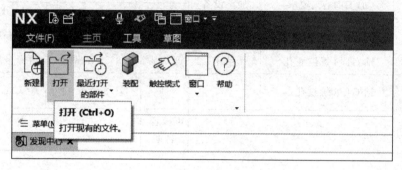

图 3-1-1

（2）找到"收纳盒模具总装图"，然后单击"确定"按钮，如图 3-1-2 所示。

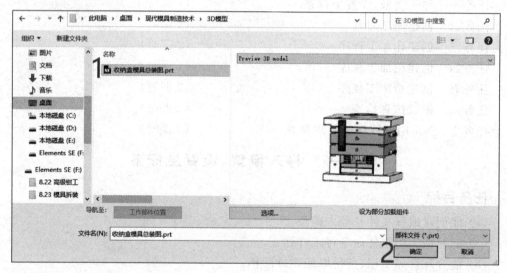

图 3-1-2

2. 将 A 板导入新文件

（1）选择 A 板，右击，在弹出的命令列表中选择"复制"命令，或按快捷键 Ctrl＋C，如图 3-1-3 所示。

（2）选择"文件"→"新建"命令，或按快捷键 Ctrl＋N，如图 3-1-4 所示。

（3）新建文件命名为"A 板"，文件夹选择为桌面\现代模具制造技术\编程文件，单击"确定"按钮，如图 3-1-5 所示。

（4）右击，在弹出的命令列表中选择"粘贴"命令，或按快捷键 Ctrl＋V，如图 3-1-6 所示。

项目三 收纳盒模具数控铣加工前的准备

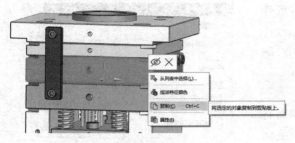

图 3-1-3　　　　　　　　　　　图 3-1-4

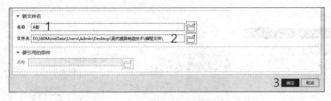

图 3-1-5　　　　　　　　　　　图 3-1-6

（5）选择"指定新的基准"，单击"确定"按钮，导入模型，如图 3-1-7 所示。

（二）摆正工件，与绝对坐标系重合

为了方便收集编程所需数据和加工坐标系的设置，在编程前需先将模型摆正。

（1）单击"工具"按钮，选择"移动对象"→"工件"，如图 3-1-8 所示。

（2）选择"坐标系到坐标系"，单击"指定起始坐标系"对话框，如图 3-1-9 所示。

（3）"坐标系"选择"自动判断"，选择"型腔顶面"，单击"确定"按钮，如图 3-1-10 所示。

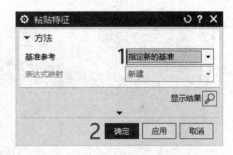

图 3-1-7

图 3-1-8

(4) 单击"指定目标坐标系"拓展栏,选择"绝对坐标系",如图3-1-11所示。

(5) "结果"选择"移动原先的",单击"确定"按钮,工件摆正完成,如图3-1-12所示。

(三) 图层管理

图层就是UG用来管理对象的"仓库",将对象分别放入不同的仓库,通过开启和关闭操作来控制对象的显示和隐藏,达到辅助编程的目的。

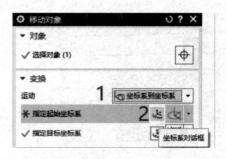

图 3-1-9

图 3-1-10

图 3-1-11

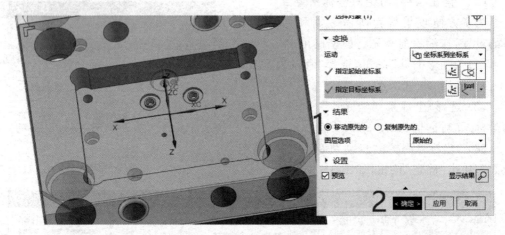

图 3-1-12

1. 复制原始模型至100图层

(1) 单击"视图"→"更多"按钮,选择"复制至图层",如图3-1-13所示。

图 3-1-13

(2)选择"工件",单击"确定"按钮,如图 3-1-14 所示。

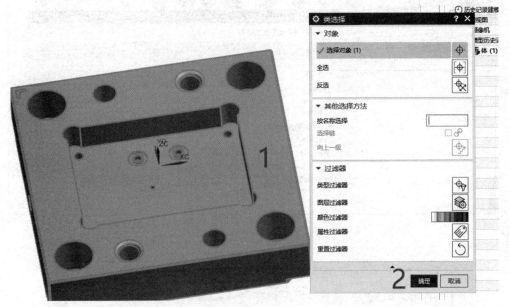

图 3-1-14

(3)在"目标图层或类别"中输入"100",单击"确定"按钮,如图 3-1-15 所示。

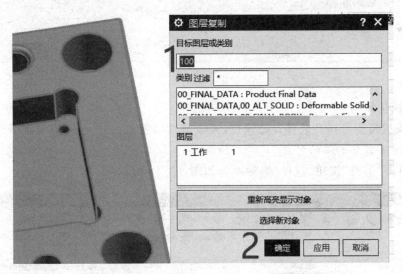

图 3-1-15

2. 设置类别名称

(1)单击"图层设置"按钮,在"图层设置"对话框中选择"类别"名称,停留 3s,重命名类别,如图 3-1-16 所示。

(2)分别将类别改为"简化体"和"原始零件"(备份原始文档方便后期检查和调用),如图 3-1-17 所示。

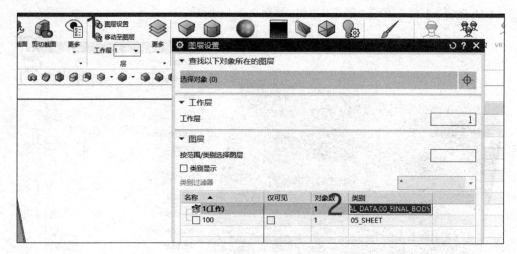

图 3-1-16

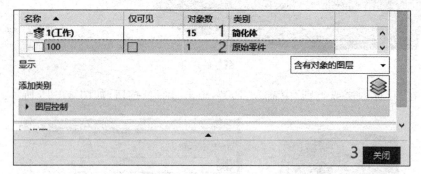

图 3-1-17

（四）简化模型

简化编程模型可提升软件计算速度，减少后续编程的参数设置，有效提升编程效率。

1. 删除不需要加工的特征

（1）单击"主页"按钮，选择"删除面"，如图 3-1-18 所示。

图 3-1-18

（2）删除所有不需要加工的特征。注意：选面时需选中删除特征的所有面（因为零件为采购的标准龙记模架，所以不需要加工导柱孔与撬模槽等特征），单击"应用"按钮，如图 3-1-19 所示。

（3）选择两侧的螺纹孔，单击"确定"按钮，如图 3-1-20 所示。

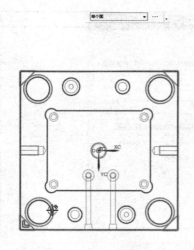

图 3-1-19

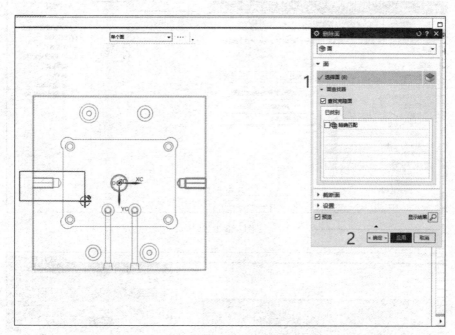

图 3-1-20

2. 移除参数

（1）使用快捷键 Ctrl＋1 调出"定制命令"对话框，搜索"移除参数"，如图 3-1-21 所示。

（2）选择"移除参数"命令，按住鼠标左键，将"移除参数"命令图标移动到视图右侧（可用此方法调出常用命令），如图 3-1-22 所示。

（3）单击"移除参数"命令图标，选择"工件"，单击"是"按钮，参数移除完成，如图 3-1-23 所示。（编程前建议移除所有参数，以避免因为不小心修改了参数或者参数损坏导致编程出错，移除参数还能减少软件运算占用内存，提高软件运算速度。）

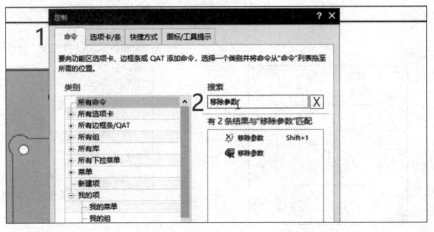

图 3-1-21

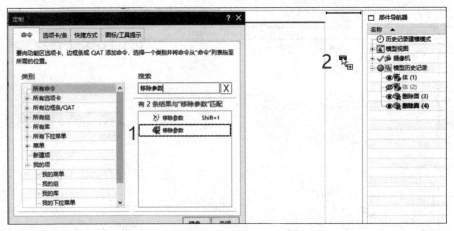

图 3-1-22

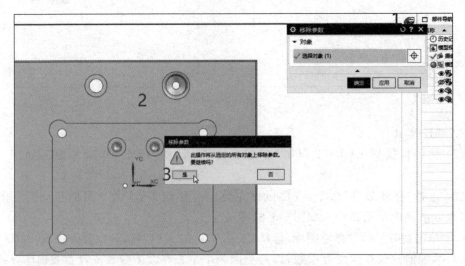

图 3-1-23

(五)进入 NX 软件加工模块

(1) 单击"应用模块"→"加工"按钮,如图 3-1-24 所示。

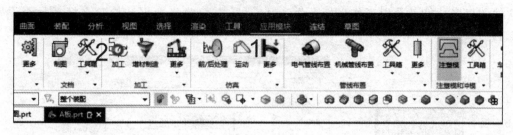

图 3-1-24

(2) 在"加工环境"中的 CAM 会话配置和 CAM 组装模板都选择"默认",单击"确定"按钮,如图 3-1-25 所示。

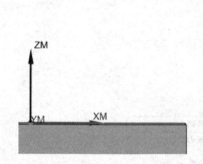

图 3-1-25

(六)设置 MCS 与 WORKPIECE

MCS(加工坐标系)即机床坐标系,它是所有刀路轨迹输出点坐标值的基准,刀路轨迹中所有点的数据都是根据加工坐标系产生的,在一个零件的加工工艺中,可能会创建多个加工坐标系,但在每个工序只能选择一个加工坐标系。系统默认的机床坐标系定位在绝对坐标系的位置。WORKPIECE 指工件,用于定义要加工的部件和毛坯。

1. 设置 MCS(加工坐标系)

(1) 单击"几何视图",双击打开 MCS 对话框,如图 3-1-26 所示。

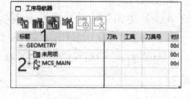

图 3-1-26

(2) 单击"指定机床坐标系"窗口,如图 3-1-27 所示。

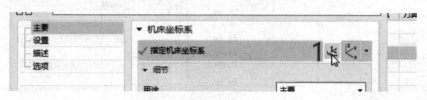

图 3-1-27

（3）选择参考"工作坐标系"，单击"确定"按钮，如图3-1-28所示。（建议在设置加工坐标系时，先将工作坐标系设置到对应位置，加工坐标系选择为参考工作坐标系。软件的很多功能都是以工作坐标系作为基点的，方便收集数据和检验坐标系是否设置正确。）

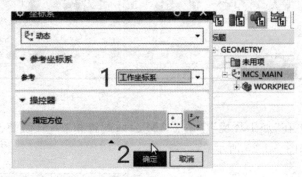

图 3-1-28

（4）在"安全设置选项"列表中选择"平面"，如图3-1-29所示。

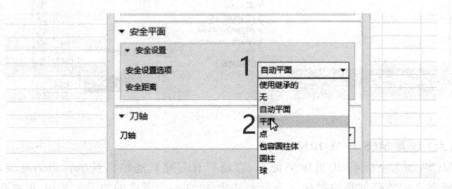

图 3-1-29

（5）单击"指定平面"，选择"工件Z向最高面"，输入"30"，单击"确定"按钮。

2. 设置WORKPIECE（加工部件）

（1）右击MSC_LOCAL，删除多余坐标系，如图3-1-30所示（该坐标系主要用于多轴编程）。

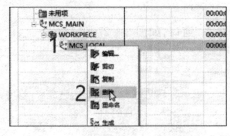

图 3-1-30

(2) 双击打开 WORKPIECE,单击"指定部件"按钮,如图 3-1-31 所示。

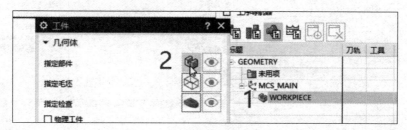

图 3-1-31

(3) 选择需要加工的部件,单击"确定"按钮,如图 3-1-32 所示。

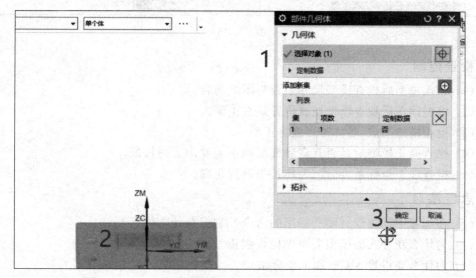

图 3-1-32

(4) 单击"指定毛坯"按钮,如图 3-1-33 所示。

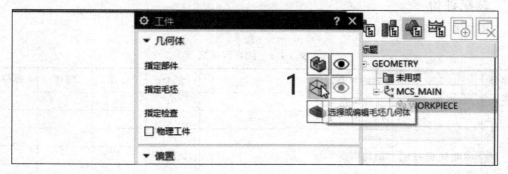

图 3-1-33

(5) 选择"包容块",单击"确定"按钮(毛坯采用的是标准件,毛坯对应的六个面不需要设置数值),如图 3-1-34 所示。

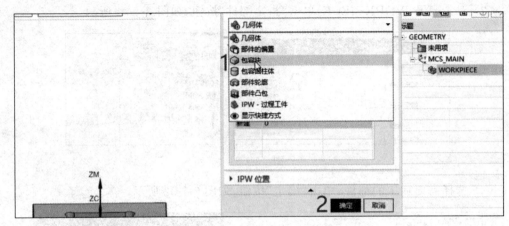

图 3-1-34

检查控制

(1) 导入模型后检查模型尺寸是否与图纸吻合。
(2) 模型摆正后检查模型摆放位置是否正确。
(3) 检查模型图层、名称是否设置正确。
(4) 检查简化模型时是否有多删或漏删不需要加工的特征。
(5) 检查加工坐标系、部件、毛坯是否设置正确。

思考练习

(1) 在练习中你发现有哪些好用的命令？它们有什么优点？
(2) 为什么新导入的模型需要先检查摆正？
(3) 为什么要设置 MCS(加工坐标系)？
(4) 为什么会建议新手将加工坐标系设置为参考工作坐标系？
(5) WORKPIECE 里面包含了哪些加工数据？

总结评价

根据本任务学习，完成表 3-1-1。

认识 NX 软件

表 3-1-1 综合评价表

序号	内容及标注		配分	自评	师评	得分
1	专业知识技能掌握	新建编程文件	10			
		导入模型	10			
		工件摆正	10			
		简化模型	10			
		图层管理	5			
		进入加工模块	5			
		设置 MCS	10			
		设置 WORKPIECE	10			

续表

序号	内容及标注		配分	自评	师评	得分
2	职业素养	遵守课堂纪律,认真完成工作任务	10			
		发现和分析问题的能力	5			
		工作页填写情况	5			
		沟通和协作能力	5			
		"7S"要求的遵守情况	5			

任务二 创建加工刀具

任务目标

(1) 能运用NC助理快速收集编程数据。

(2) 能熟练创建加工刀具。

(3) 能创建刀柄。

(4) 能创建并调用夹持器。

任务流程

(1) 运用NC助理命令快速区分拐角。

(2) 创建加工刀具。

(3) 创建刀柄与夹持器。

任务实施

(一) 运用NC助理命令快速区分拐角

1. 利用分析模块的NC助理命令给模型圆角标上颜色

(1) 单击"选择过滤器"选项,选择"无选择过滤器",如图3-2-1所示。

图 3-2-1

(2) 选择"毛坯体",右击选择"隐藏",如图3-2-2所示。

(3) 在"分析"页面单击"拔模分析"下的拓展图标,选择"NC助理",如图3-2-3所示。

(4) "要分析的面"选择"所有面","分析类型"选择"拐角","参考平面"选择"指定平面","结果"勾选"退出时保存面颜色",单击"确定"按钮,如图3-2-4所示。

2. 利用"分析"命令测量特征尺寸

(1) 单击"测量"按钮,如图3-2-5所示。

(2) 将鼠标指针放到需要测量的特征上,会半透明地显示对应信息,如图3-2-6所示。

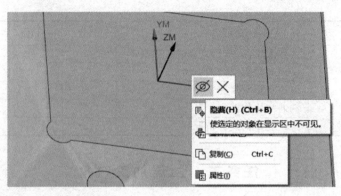

图 3-2-2

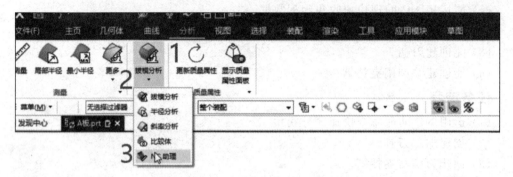

图 3-2-3

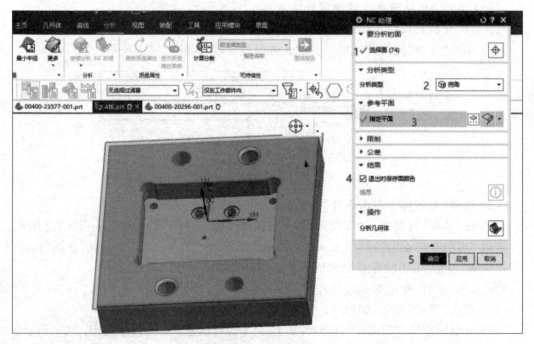

图 3-2-4

图 3-2-5

图 3-2-6

（3）当点选时会出现对应更详细的实体信息，如果没有事先分析图纸制定的加工工艺，可用此方法快速得到编程所需的数据，决定需要的加工刀具，如图 3-2-7 所示。

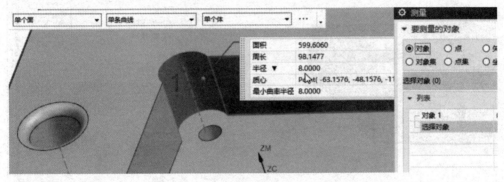

图 3-2-7

（二）创建刀具

1. 创建立铣刀

精铣刀的创建原则：刀具半径必须小于或等于模型圆角半径。

（1）在"主页"选项卡下单击"创建刀具"按钮，如图 3-2-8 所示。

（2）"类型"选择 mill_planar，"刀具子类型"选择"铣削"。

（3）输入对应刀具信息的名称，例如"D12"代表直径 12mm 的铣刀，单击"确定"按钮，如图 3-2-9 所示。

（4）如图 3-2-10 所示，在尺寸组中输入所需要的刀具参数。若使用带刀库的机床，则在"刀具号"和"补偿寄存器"中输入对应刀号；若不使用刀具库，则设置为"0"。刀具补偿寄存器可根据实际需要填写，单击"确定"按钮。

2. 创建圆鼻刀

与铣刀同理，刀具的圆鼻角必须小于加工模型的根部圆角。

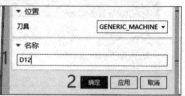

图 3-2-8　　　　　　　　　　　　　　　图 3-2-9

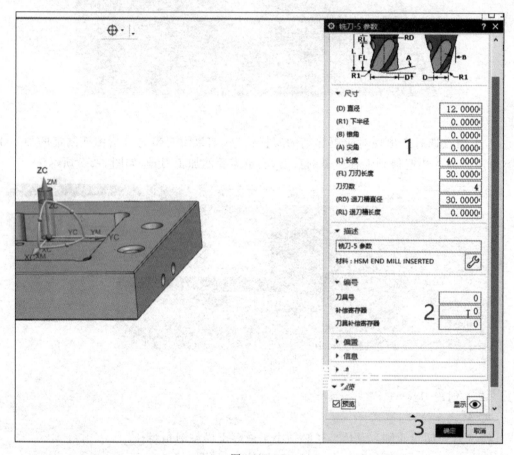

图 3-2-10

（1）单击"创建刀具"按钮，"类别"和"类型"与平底铣刀相同，"名称"命名为 D16R0.8，单击"确定"按钮，如图 3-2-11 所示。

（2）在尺寸组中参照图 3-2-12 输入所需要的刀具参数，单击"确定"按钮。

3．创建球刀

（1）单击"创建刀具"按钮，"类别"与平底铣刀相同，"类型"选择"球铣"，"名称"命名为 D6R3，单击"确定"按钮，如图 3-2-13 所示。

（2）参照图 3-2-14 输入对应的刀具尺寸，单击"确定"按钮。

项目三 收纳盒模具数控铣加工前的准备

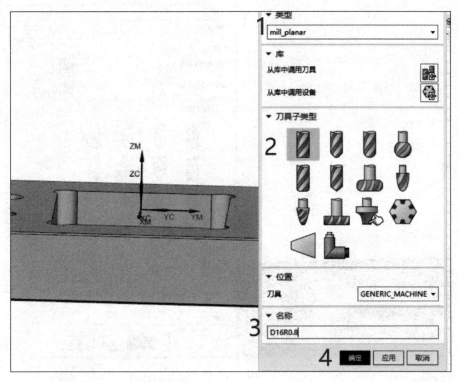

图 3-2-11

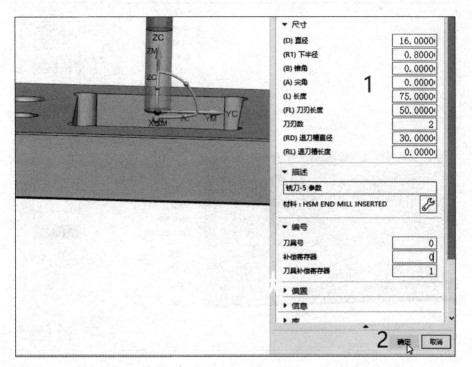

图 3-2-12

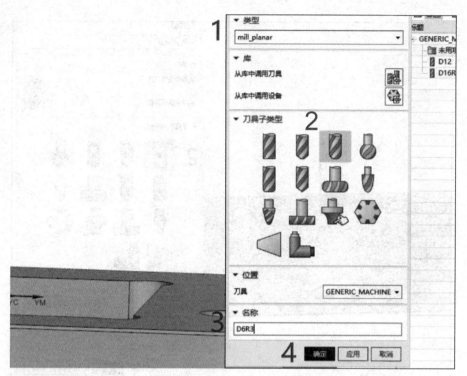

图 3-2-13

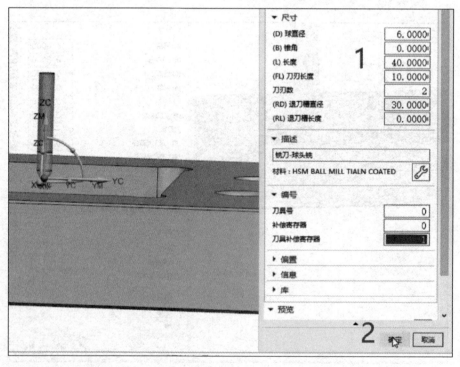

图 3-2-14

4. 创建点钻

(1)单击"创建刀具"按钮,"类型"选择 hole_making,在"刀具子类型"组中选择"定心钻",如图 3-2-15 所示。

图 3-2-15

(2)"名称"命名为 D10C45,单击"确定"按钮,如图 3-2-16 所示。

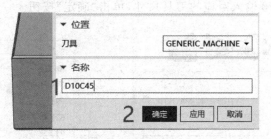

图 3-2-16

(3)参照图 3-2-17 输入对应的刀具尺寸,单击"确定"按钮。

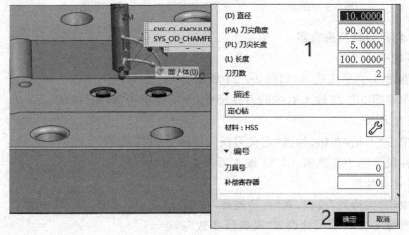

图 3-2-17

5. 创建钻头

(1) 单击"创建刀具"按钮,"类型"选择 hole_making,在"刀具子类型"组中选择钻头,如图 3-2-18 所示。

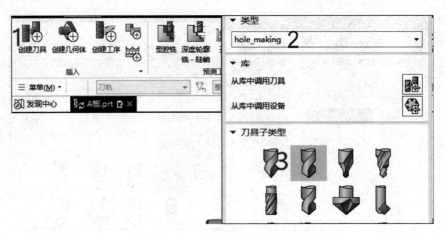

图　3-2-18

(2) "名称"命名为 DR16,单击"确定"按钮,如图 3-2-19 所示。
(3) 参照图 3-2-20 输入对应的刀具尺寸,单击"确定"按钮。

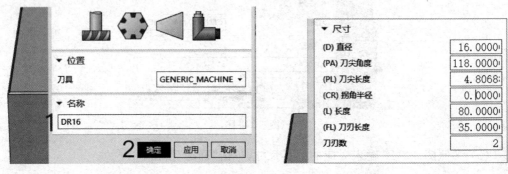

图　3-2-19　　　　　　　　　　　　　　图　3-2-20

(三) 创建刀柄与夹持器

1. 创建平底铣刀

(1) 创建"D2"平底铣刀,如图 3-2-21 所示。
(2) 参照图 3-2-22 输入对应的刀具尺寸,先不要单击"确定"按钮。

2. 创建刀柄

(1) 单击"刀柄"按钮,勾选"定义刀柄",如图 3-2-23 所示。
(2) 在尺寸组中参照图 3-2-24 输入所需要的刀柄尺寸。

3. 创建夹持器

(1) 单击"夹持器"按钮,在"夹持器源"中选择"指定",如图 3-2-25 所示。
(2) 参照图 3-2-26 尺寸设置"夹持器步数"。
(3) 参照图 3-2-27 尺寸设置"夹持器步数"。

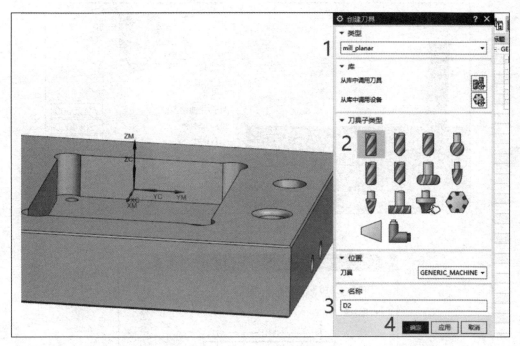

图 3-2-21

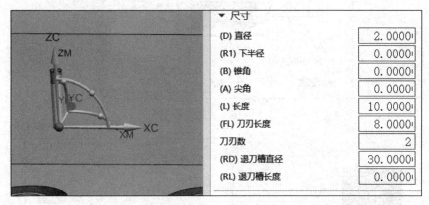

图 3-2-22

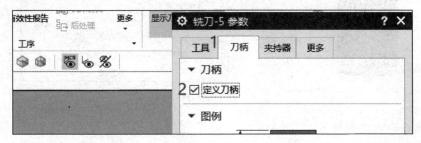

图 3-2-23

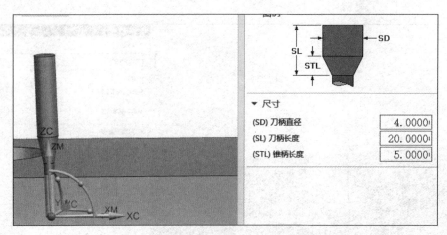

图 3-2-24

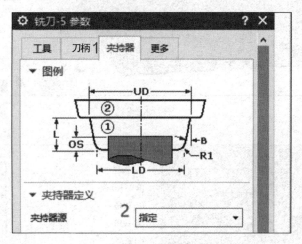

图 3-2-25

图 3-2-26

4. 保存和调用夹持器

(1) 单击"库"下拉按钮,输入夹持器库号"BT40-ER11-L50",单击"导出夹持器到库中"按钮,如图 3-2-28 所示。

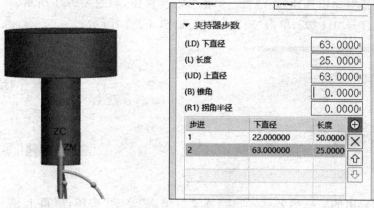

图 3-2-27

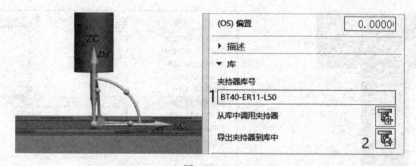

图 3-2-28

（2）单击"确定"按钮，创建的夹持器已经保存到库中，如图 3-2-29 所示。

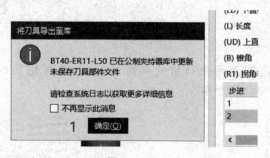

图 3-2-29

（3）单击"从库中调用夹持器"按钮，如图 3-2-30 所示。

图 3-2-30

（4）在夹持器库中选择"夹持器"，单击"确定"按钮，如图 3-2-31 所示。

（5）输入库号"BT40"，单击"确定"按钮，如图 3-2-32 所示。

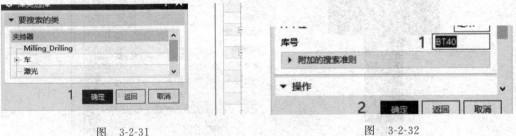

图 3-2-31　　　　　　　　　　　图 3-2-32

（6）找到导出的夹持器名称，勾选"预览"，单击"显示"按钮，屏幕上显示对应的实体模型，如图 3-2-33 所示。

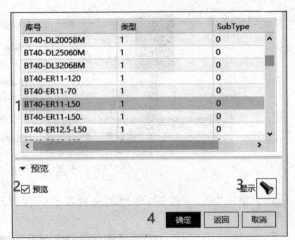

图 3-2-33

（7）这里可以单击查看系统自带的夹持器模型，选择想要的夹持器，例如"BT40-ER11-70"，单击"确定"按钮，如图 3-2-34 所示。

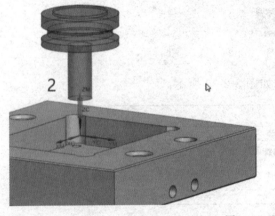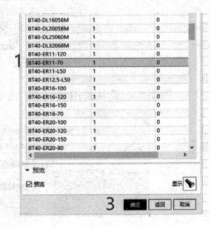

图 3-2-34

(8) 可以看到已经导出的夹持器,单击"确定"按钮,设置完成,如图 3-2-35 所示。

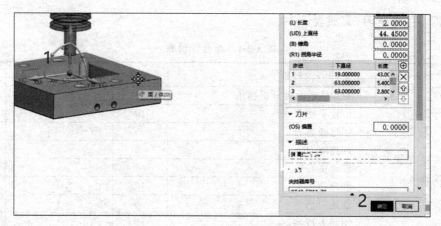

图 3-2-35

(9) 单击机床视图,选择刀具"D2",可以查看对应的刀具,如图 3-2-36 所示。

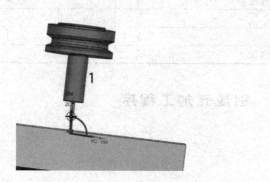

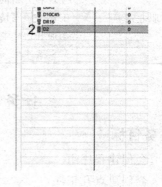

图 3-2-36

软件自动编程的流程

检查控制

(1) 与视频或源文件素材对比,NC 助理分析拐角是否设置正确?
(2) 与素材文件对比,创建的刀具是否设置正确?
(3) 能否正确创建刀柄与夹持器?
(4) 创建刀柄与夹持器的主要意义是什么?
(5) 如何快速调用 NX 系统自带的夹持器?

思考练习

(1) NC 助理命令是专门为 NC 加工所设计的命令,它还有很多功能值得探索。探索 NC 助理命令,说出它有哪些使用功能。
(2) NX 软件在不同的编程模块下可创建不同的刀具,同样的刀具有很多创建方法,说出你知道的创建方法。
(3) 创建表 3-2 和表 3-3 所示工艺卡内的所有刀具。
(4) 创建或调用 BT40-ER16-70 夹持器。

总结评价

根据本任务学习,完成表 3-2-1。

表 3-2-1 综合评价表

序号	内容及标注		配分	自评	师评	得分
1	专业知识技能掌握	利用 NC 助理分析拐角	10			
		创建平底刀	10			
		创建圆鼻刀	5			
		创建球刀	5			
		创建中心钻	5			
		创建钻头	10			
		创建刀柄	5			
		创建夹持器	10			
		调用夹持器	10			
2	职业素养	遵守课堂纪律,认真完成工作任务	10			
		发现和分析问题的能力	5			
		工作页填写情况	5			
		沟通和协作能力	5			
		"7S"要求的遵守情况	5			

任务三 创建孔加工程序

任务目标

(1)会创建程序组。
(2)会创建点孔工序。
(3)能合理地设置点孔加工参数。
(4)会创建钻孔工序。
(5)能合理地设置钻孔加工参数。

任务流程

(1)创建程序组。
(2)创建点孔工序。
(3)创建钻孔工序。

任务实施

(一)创建程序组

使用创建程序 命令创建程序组。NX 提供了一个程序组,也可以创建其他程序父组,或根据需要创建对应子级程序组。

1. 创建父级程序组

(1)单击"程序顺序视图"→"创建工序"按钮,输入对应的名称,例如"型腔面-A",单击"确定"按钮,如图 3-3-1 所示。

项目三 收纳盒模具数控铣加工前的准备

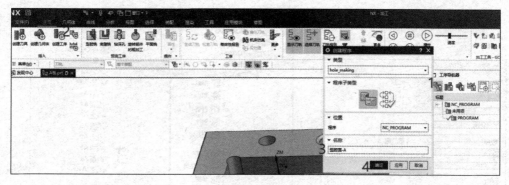

图 3-3-1

（2）开始事件可以不用填写，单击"确定"按钮，右击"型腔面-A"，选择"插入"→"程序组"命令，如图 3-3-2 所示。

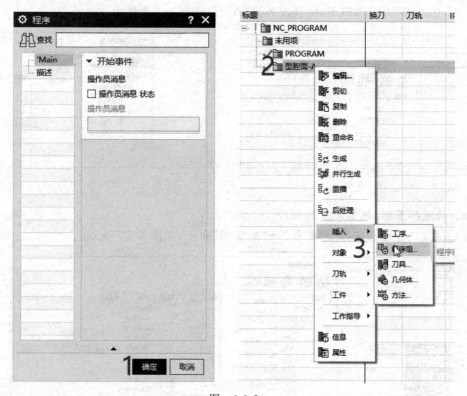

图 3-3-2

（3）输入名称，例如 A1，单击"确定"按钮，如图 3-3-3 所示。

（4）复制子级程序组 A1，粘贴并修改对应程序名 A1～A10，数量可根据程序工序数量调整，如图 3-3-4 所示。

2. 更改 MCS 和 WORKPIECE 名称与程序对应

（1）选择"几何视图"→MCS，将其改名为与程序组对应的"A"，如图 3-3-5 所示。

图 3-3-3

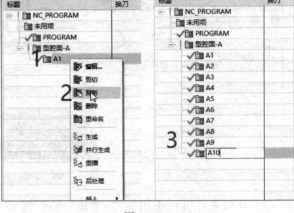
图 3-3-4

(2) 选择 WORKPIECE,将其改名为"A01",如图 3-3-6 所示。

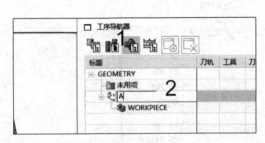
图 3-3-5

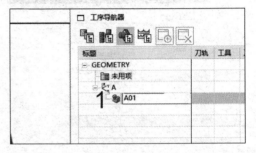
图 3-3-6

3. 新建配置列,调整配置列顺序

(1) 右击"标题",选择"列配置"→"配置列"命令,如图 3-3-7 所示。

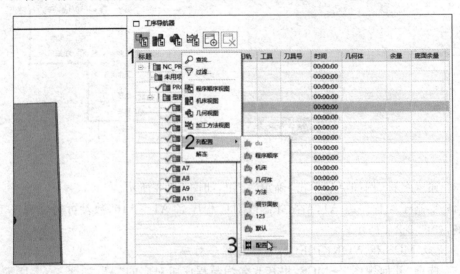
图 3-3-7

（2）单击"新建"按钮，如图 3-3-8 所示。

（3）在"新建列配置"对话框中输入配置名称"现代模具制造"，单击"确定"按钮，如图 3-3-9 所示。

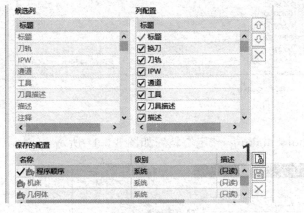

图 3-3-8

图 3-3-9

（4）根据需要"勾选"或"取消"列配置中的信息，如图 3-3-10 所示。

图 3-3-10

（5）模具编程中最常用到的信息有刀轨、工具、刀具号、时间、几何体、余量、底面余量、切削深度、步距、进给、速度等，如图 3-3-11 所示。

（二）创建点孔工序

使用创建工序 命令创建点孔工序，用中心钻在实体面上钻出一个小坑，用于确定位置，为钻孔做准备。

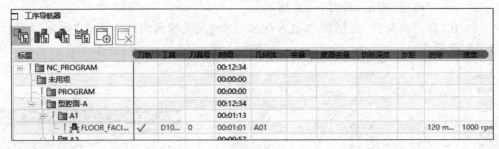

图 3-3-11

1. 新建点孔工序

(1) 单击"创建工序"按钮,选择 hole_making→"定心钻",如图 3-3-12 所示。

图 3-3-12

(2) 参照图 3-3-13 选择对应的程序、刀具和几何体,单击"确定"按钮。

2. 选择需要加工的孔

(1) 单击指定特征几何体,如图 3-3-14 所示。

(2) 过程工件选择"使用 3D",如图 3-3-15 所示。

(3) 按图 3-3-16 点选需要加工的"孔"或"拐角特征"。

图 3-3-13

图 3-3-14

项目三　收纳盒模具数控铣加工前的准备

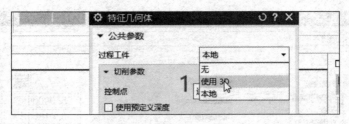

图 3-3-15

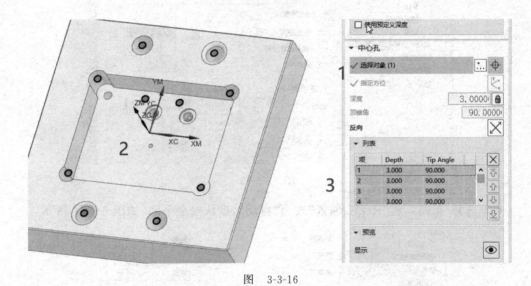

图 3-3-16

（4）勾选"使用预定义深度"，根据工件和材料设置"深度"，设置深度后可以直观地观察模型上"点孔的大小"，单击"确定"按钮，完成加工孔选择，如图 3-3-17 所示。

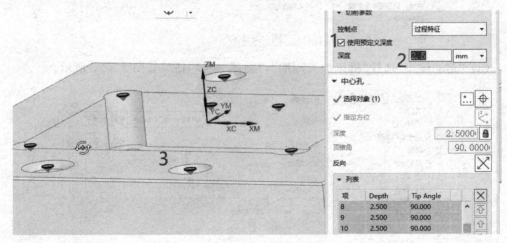

图 3-3-17

3. 设置加工参数

（1）选择"进给率和速度"，按图 3-3-18 设置"主轴速度"和"进给率"。

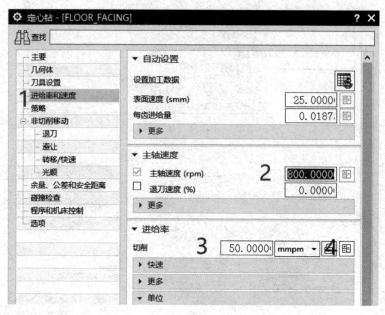

图 3-3-18

(2) 选择"策略",将"Rapto 偏置"改为"自动",默认安全平面,如图 3-3-19 所示。

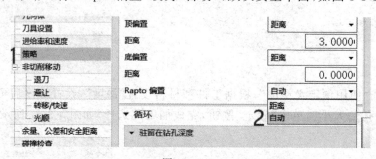

图 3-3-19

(3) "运动输出"选择"机床加工周期","循环"选择"钻",如图 3-3-20 所示。

图 3-3-20

注:运动输出选择"机床加工周期"后,处理代码为钻孔循环代码。

(4) 单击"生成"按钮,系统默认的刀具路径为选择孔的顺序,检查刀具路径是否可以优化,如图 3-3-21 所示。

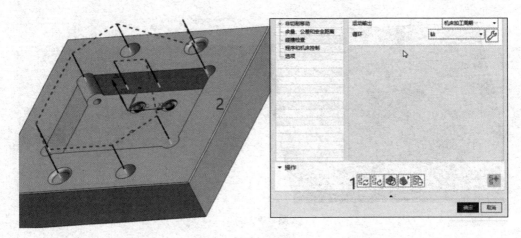

图 3-3-21

（5）单击"特征几何体"，"优化"选择为"最短刀轨"，单击"确定"按钮，如图 3-3-22 所示。

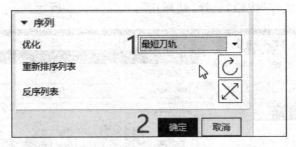

图 3-3-22

（6）单击"生成"按钮，观察刀轨，如图 3-3-23 所示。

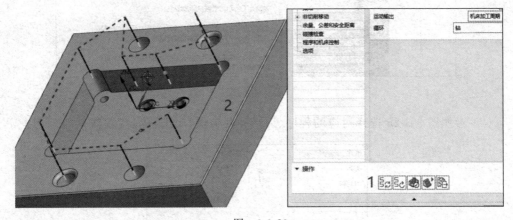

图 3-3-23

（7）单击"显示所得的 IPW"，可观看该工序加工后的过程工件，单击"确定"按钮，点孔程序创建完成，如图 3-3-24 所示。

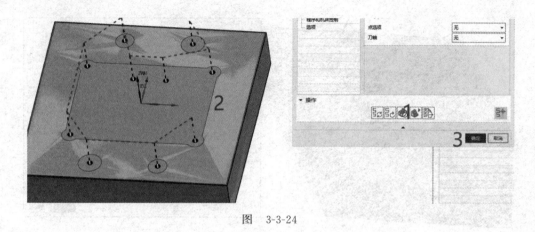

图 3-3-24

(三)创建钻孔工序

使用创建工序 命令创建钻孔工序,在实体上钻出孔。

1. 新建钻孔程序

(1)单击"创建工序"按钮,选择"钻深孔",如图 3-3-25 所示。

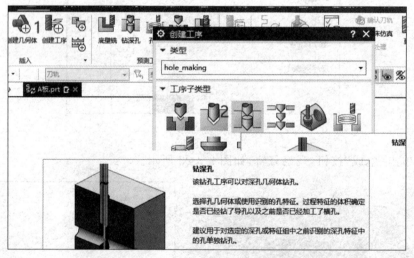

图 3-3-25

(2)参照图 3-3-26 选择对应的程序、刀具和几何体,单击"确定"按钮。

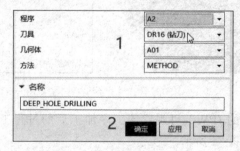

图 3-3-26

2. 选择加工的孔

(1)"过程工件"选择"使用 3D",点选需要加工的"孔"或"拐角特征",如图 3-3-27 所示。

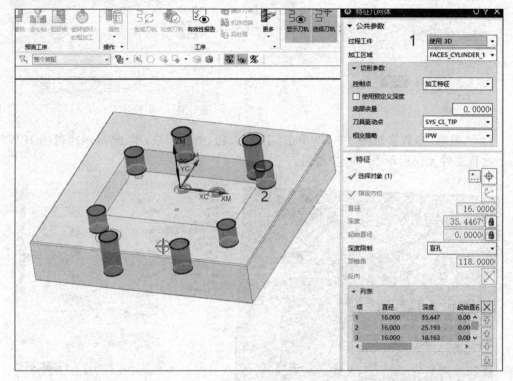

图 3-3-27

(2)"优化"选择"最短刀轨",单击"重新排序列表"按钮,单击"确定"按钮,如图 3-3-28 所示。

3. 设置加工参数

(1)"运动输出"选择"机床加工周期","循环"选择"钻,深孔",如图 3-3-29 所示。

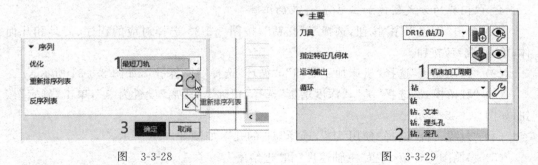

图 3-3-28　　　　　　　　　　　　图 3-3-29

(2)"驻留模式"选择"关","深度增量"选择"精确","距离"设置为"1",单击"确定"按钮,如图 3-3-30 所示。

(3)参照图 3-3-31 设置"主轴速度"和"进给率"。

图 3-3-30　　　　　　　　　　　　　　图 3-3-31

(4)"策略"参数参照图3-3-32,单击"生成"按钮,查看刀轨,单击"显示所得的IPW",查看过程工件无误后单击"确定"按钮。

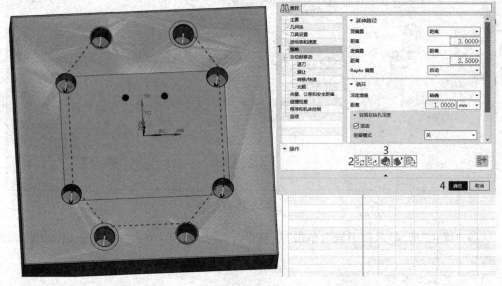

图 3-3-32

4. 以同样的方式创建加工 $\phi 6mm$ 孔的工序

(1)单击"创建工序"按钮,选择"深孔钻",按图3-3-33选择对应的程序、刀具和几何体,单击"确定"按钮。

(2)"运动输出"选择"机床加工周期","循环"选择"钻,深孔",如图3-3-34所示。

(3)"驻留模式"选择"关","深度增量"选择"精确","距离"设置为"1",单击"确定"按钮,如图3-3-35所示。

(4)"过程工件"选择"使用3D",选择"$\phi 6$的孔",如图3-3-36所示。

(5)参照图3-3-37设置"主轴速度"和"进给率"。

(6)单击"生成"按钮,查看刀轨,单击"显示所得的IPW",查看过程工件无误后单击"确定"按钮,如图3-3-38所示。

项目三 收纳盒模具数控铣加工前的准备

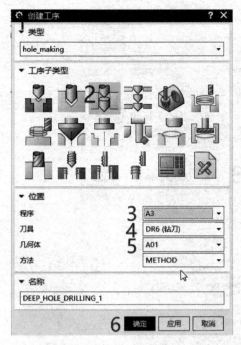

图 3-3-33

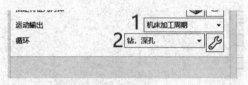

图 3-3-34

图 3-3-35

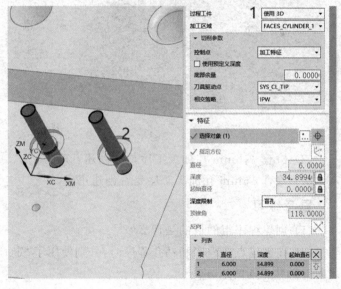

图 3-3-36

检查控制

(1)与视频或源文件素材对比,检查程序组是否设置正确,检查列配置里是否有刀轨、工具、刀具号、时间、几何体、余量、地面余量、切削深度、步距、进给、速度等信息。

(2)检查点孔工序是否创建正确。

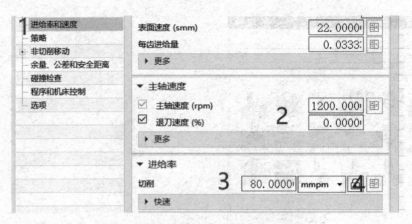

图 3-3-37

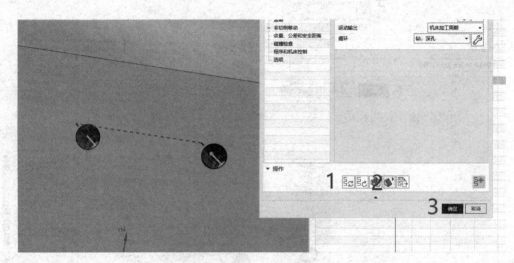

图 3-3-38

（3）检查 ϕ16mm 孔加工工序是否创建正确。

（4）检查 ϕ6mm 孔加工工序是否创建正确。

思考练习

（1）创建程序组的目的是什么？

（2）在创建点孔程序和钻孔程序时，分别使用了"定心钻"命令和"深孔钻"命令，它们之间有哪些相同的地方？

（3）在过程工件中选择"使用 3D"和选择"本地"有什么区别？

（4）在过程工件中为什么选择"使用 3D"？

（5）在创建"钻，深孔"程序时为什么没有设置钻孔深度？

（6）在运动输出中选择"机床加工周期"和"单步移动"有什么区别？

总结评价

根据本任务学习，完成表 3-3-1。

表 3-3-1　综合评价表

序号	内容及标注		配分	自评	师评	得分
1	专业知识技能掌握	创建程序组	10			
		创建列配置信息栏	10			
		创建点孔工序	10			
		点孔工序参数设置	10			
		创建钻、深孔工序	10			
		钻、深孔工序参数设置	10			
		检查刀轨	10			
2	职业素养	遵守课堂纪律，认真完成工作任务	10			
		发现和分析问题的能力	5			
		工作页填写情况	5			
		沟通和协作能力	5			
		"7S"要求的遵守情况	5			

任务四　创建粗加工程序

任务目标

（1）会创建型腔铣粗加工程序。
（2）会创建型腔铣清角程序。
（3）会创建深度轮廓铣清角程序。
（4）能合理设置粗加工程序参数。

任务流程

（1）创建型腔铣开粗程序。
（2）创建型腔铣清角程序。
（3）创建深度轮廓铣清角程序。

任务实施

（一）创建型腔铣开粗程序

（1）单击"创建工序"按钮，在弹出的对话框中，"类型"选择 mill_contour，"工序子类型"选择型腔铣，如图 3-4-1 所示。

图　3-4-1

（2）选择"程序""刀具""几何体"对应位置，如图 3-4-2 所示。

（3）设置主要节点参数，"切削模式"选择"跟随周边"，"最大距离"设置为"0.7"，如图 3-4-3 所示。

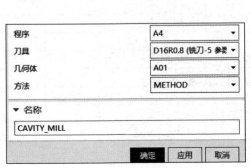

图 3-4-2

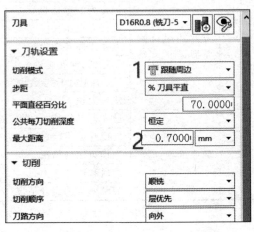

图 3-4-3

（4）设置几何体节点参数，单击"几何体"，取消勾选"使底面余量与侧面余量一致"，设置"部件侧面余量"和"部件底面余量"，如图 3-4-4 所示。

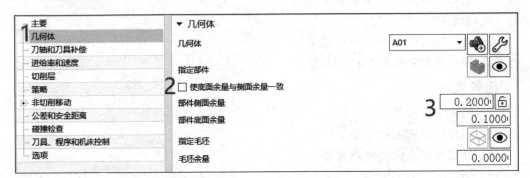

图 3-4-4

（5）单击"指定切削区域"按钮，如图 3-4-5 所示。

图 3-4-5

（6）选择需要加工的"型腔面"，单击"确定"按钮，如图 3-4-6 所示。

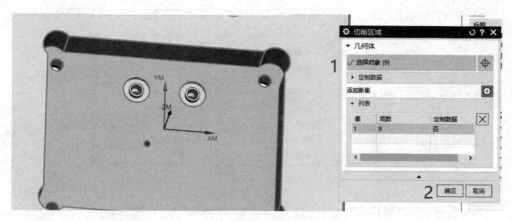

图 3-4-6

(7) 单击"进给率和速度",设置"主轴速度"和"进给率",单击"计算"按钮,如图 3-4-7 所示。

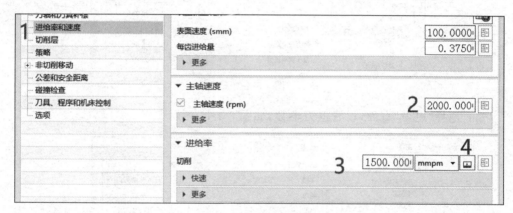

图 3-4-7

(8) "切削层"参数保持默认,如图 3-4-8 所示。

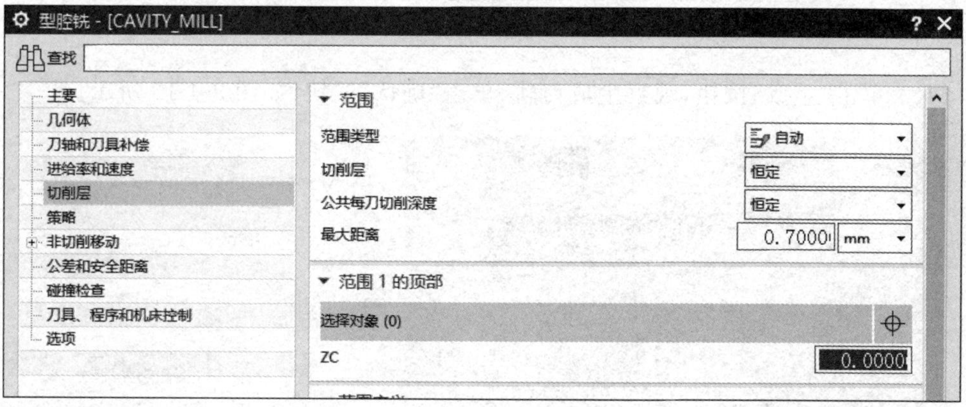

图 3-4-8

(9) 打开"策略"页面,"光顺"选择"所有刀路","半径"设置为"1",如图 3-4-9 所示。

图 3-4-9

(10) 打开"非切削移动",选择"进刀",设置"斜坡角"和"高度",如图 3-4-10 所示。

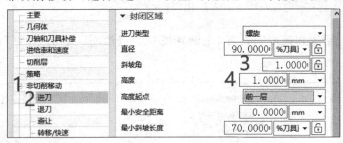

图 3-4-10

(11) 选择"退刀"页面,设置退刀参数,如图 3-4-11 所示。

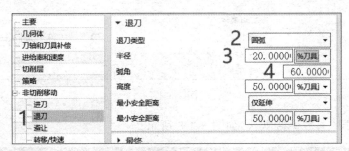

图 3-4-11

(12) 单击"生成"按钮,观察生成刀轨,单击"确认"按钮,如图 3-4-12 所示。

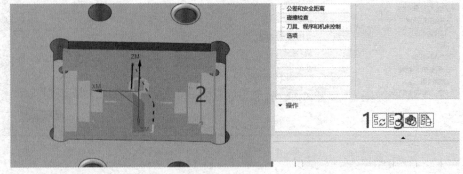

图 3-4-12

（13）单击"碰撞设置"按钮，勾选"碰撞时暂停"，单击"确定"按钮，如图 3-4-13 所示。

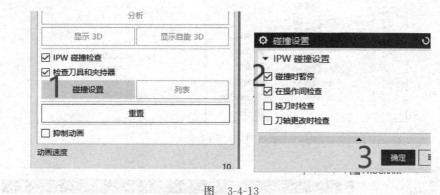

图 3-4-13

（14）单击"播放"按钮，可调整播放速度，观看切削动画，确认无误后单击"确定"按钮，型腔铣开粗创建完成，如图 3-4-14 所示。

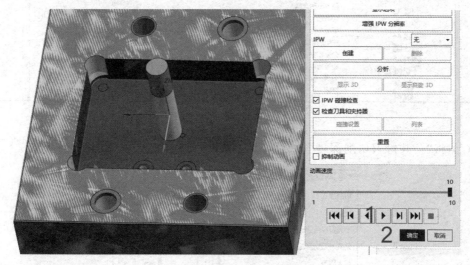

图 3-4-14

（二）创建型腔铣清角程序

（1）复制型腔铣粗加工程序，如图 3-4-15 所示。

图 3-4-15

（2）右击 A5，选择"内部粘贴"，如图 3-4-16 所示。

（3）打开程序，将刀具设置为"D12"铣刀，如图 3-4-17 所示。

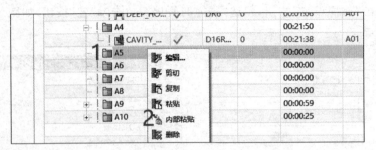

图 3-4-16

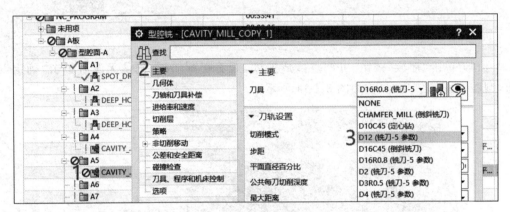

图 3-4-17

（4）将"公共每刀切削深度"改为"0.5"，如图 3-4-18 所示。

图 3-4-18

（5）将"切削顺序"改为"深度优先"，如图 3-4-19 所示。

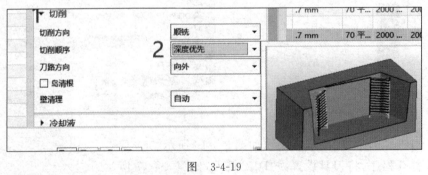

图 3-4-19

(6) 将"过程工件"改为"使用 3D", 如图 3-4-20 所示。

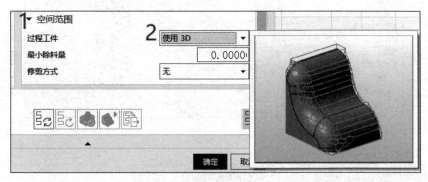

图　3-4-20

(7) 打开"非切削移动", 选择"光顺", 勾选"光顺进刀/退刀/步进", 如图 3-4-21 所示。

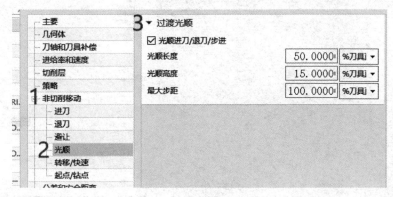

图　3-4-21

(8) 选择"进刀", 按图 3-4-22 设置开放区域进刀参数。

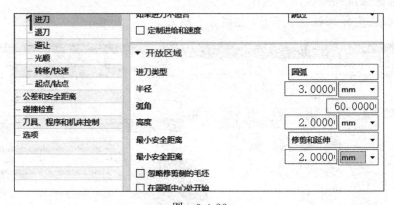

图　3-4-22

(9) 选择"退刀", 将"退刀类型"改为"与进刀相同", 如图 3-4-23 所示。

(10) 单击"生成刀轨"和"显示所得的 IPW", 检查无误后单击"确定"按钮, 型腔铣清角程序完成, 如图 3-4-24 所示。

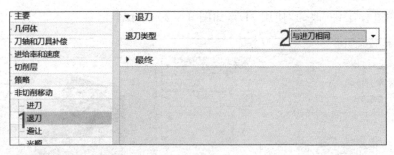

图 3-4-23

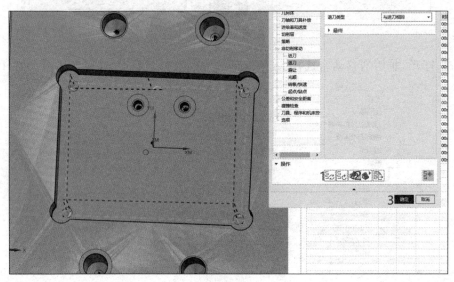

图 3-4-24

(三) 创建深度轮廓铣清角程序

(1) 创建深度轮廓铣加工程序,如图 3-4-25 所示。

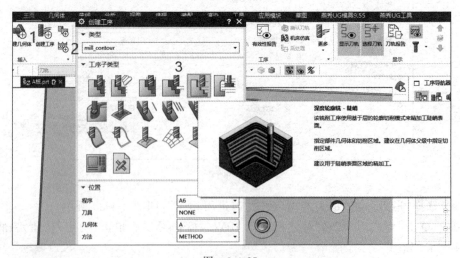

图 3-4-25

（2）按图 3-4-26 设置对应"位置"。

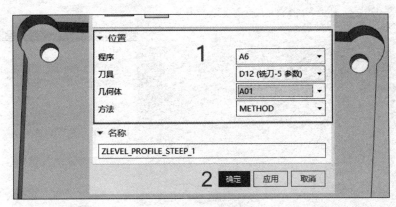

图 3-4-26

（3）进行"刀轨设置"，如图 3-4-27 所示。

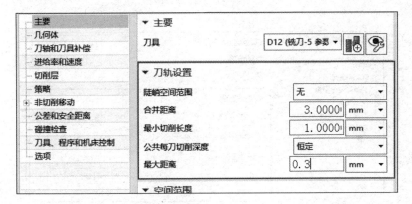

图 3-4-27

（4）将底面与侧边余量设置为"0.1"，单击"指定切削区域"图标，如图 3-4-28 所示。

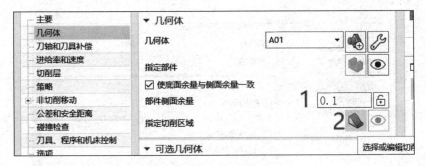

图 3-4-28

（5）选择需要加工的面，如图 3-4-29 所示。

（6）设置"主轴速度"和"进给率"，如图 3-4-30 所示。

（7）设置"策略"，如图 3-4-31 所示。

（8）完成封闭区域进刀参数设置，如图 3-4-32 所示。

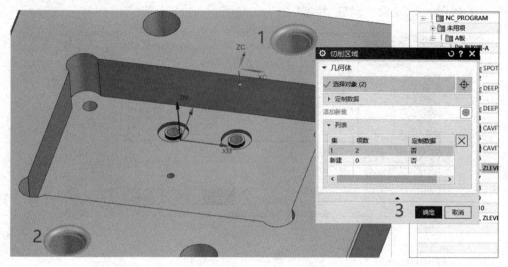

图 3-4-29

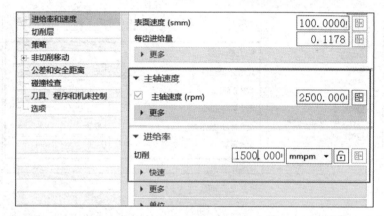

图 3-4-30

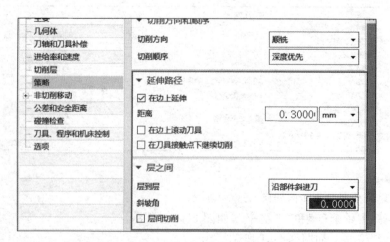

图 3-4-31

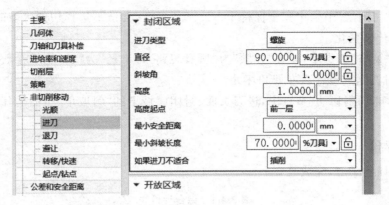

图 3-4-32

(9) 生成并确认刀轨,检查无误后单击"确定"按钮,深度轮廓铣清角程序创建完成,如图 3-4-33 所示。

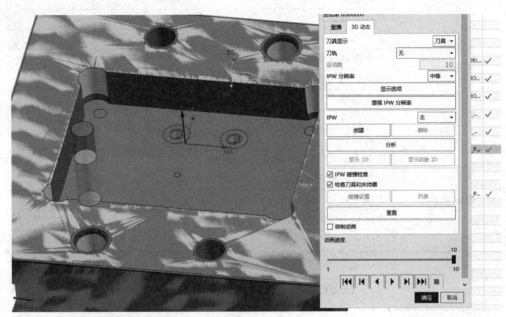

NX 自动编程
常用命令

图 3-4-33

检查控制

(1) 检查型腔铣粗加工程序创建是否正确。
(2) 检查型腔铣清角程序创建是否正确。
(3) 检查深度轮廓铣清角程序创建是否正确。

思考练习

(1) 在创建程序时将"位置"设置好,有什么作用?
(2) 在刀轨设置中"最大距离"设置为"0.7"代表了什么?
(3) 在使用"型腔铣"命令时,选择切削区域和不选择切削区域有什么区别?

(4) 在"切削层"节点中完全保持了 NX 默认参数,尝试不选择切削区域时,切削层节点的参数有什么变化。

(5) 在"策略"节点中,设置"光顺"为"所有刀路","半径"为"1",这个参数在加工中又称为"圆弧过渡",它有什么好处和坏处?

(6) 在"非切削移动"节点中,进刀页面、封闭区域下的"斜坡角"指的是什么?为什么要改小?

总结评价

根据本任务学习,完成表 3-4-1。

表 3-4-1　综合评价表

序号	内容		配分	自评	师评	得分
1	专业知识技能掌握	创建工序	10			
		刀轨设置	10			
		部件余量设置	10			
		选择"切削区域"	10			
		进给率和速度	5			
		拐角处刀轨形状	10			
		进刀设置	10			
		退刀设置	5			
		确认刀轨	5			
2	职业素养	遵守课堂纪律,认真完成工作任务	5			
		发现和分析问题的能力	5			
		工作页填写情况	5			
		沟通和协作能力	5			
		"7S"要求的遵守情况	5			

任务五　创建精加工程序

任务目标

(1) 会创建孔铣程序。
(2) 会创建型腔铣精加工程序。
(3) 会创建底壁铣螺旋切削程序。
(4) 会创建底壁铣精加工程序。
(5) 会创建深度轮廓铣弧面精加工程序。
(6) 能合理地设置精加工程序参数。

任务流程

(1) 创建孔铣程序。
(2) 创建型腔铣精加工程序。

(3) 创建底壁铣粗、精加工程序。

(4) 创建深度轮廓铣弧面精加工程序。

任务实施

(一) 创建孔铣程序

(1) 单击"创建工序"按钮,在弹出的对话框中,"类型"选择 hole_making,"工序子类型"选择孔铣,如图 3-5-1 所示。

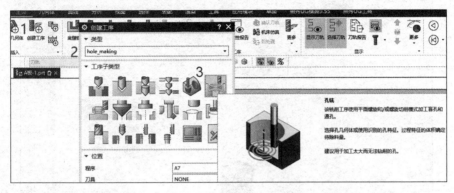

图 3-5-1

(2) 选择"程序""刀具""几何体"的对应位置,如图 3-5-2 所示。

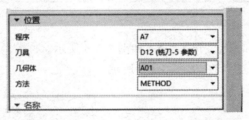

图 3-5-2

(3) 单击"选择或编辑特征几何体"按钮,如图 3-5-3 所示。

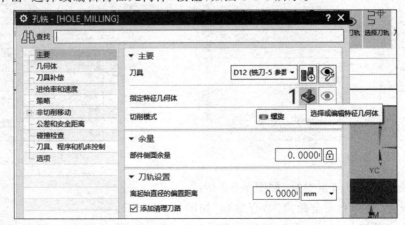

图 3-5-3

(4) 选择需要加工的孔,如图 3-5-4 所示。

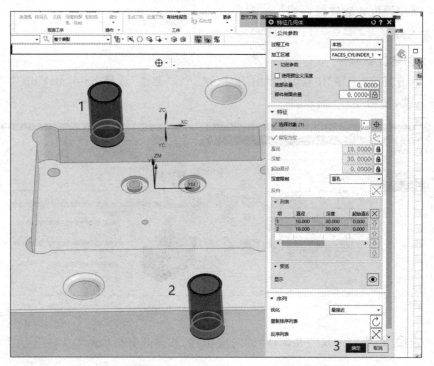

图 3-5-4

(5) 设置"进给率和速度"节点参数,如图 3-5-5 所示。
(6) 设置"策略"节点参数,如图 3-5-6 所示。

图 3-5-5

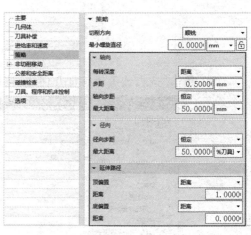

图 3-5-6

(7) 设置"进刀"节点参数,如图 3-5-7 所示。
(8) 设置"公差和安全距离"节点参数,如图 3-5-8 所示。
(9) 生成并确认刀轨,检查无误后单击"确定"按钮,孔铣精加工程序创建完成,如图 3-5-9 所示。

项目三 收纳盒模具数控铣加工前的准备

图 3-5-7　　　　　　　　　　　图 3-5-8

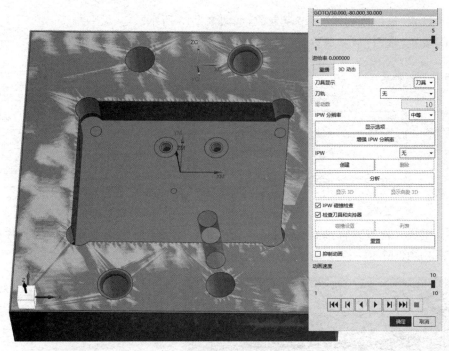

图 3-5-9

（二）创建型腔铣精加工程序

1. 创建型腔底面精加工程序

（1）复制型腔铣清角程序，如图 3-5-10 所示。

（2）内部粘贴至"A8"程序组内，如图 3-5-11 所示。

图 3-5-10　　　　　　　　　　　图 3-5-11

(3) 设置"几何体"节点参数,如图 3-5-12 所示。

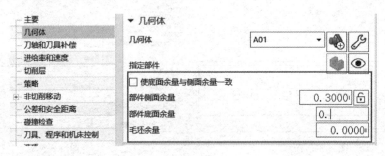

图 3-5-12

(4) 设置"进给率和速度"节点参数,如图 3-5-13 所示。
(5) 设置"进刀"节点参数,如图 3-5-14 所示。

图 3-5-13　　　　　　　　　图 3-5-14

(6) 生成并检查刀轨,确认无误后单击"确定"按钮,型腔铣精加工底面程序创建完成,如图 3-5-15 所示。

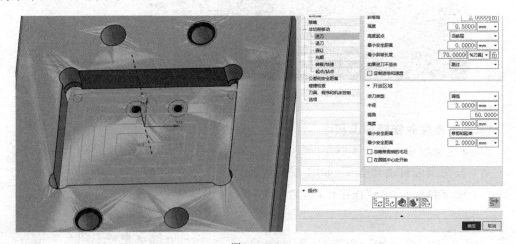

图 3-5-15

2. 创建型腔侧面精加工程序

(1) 复制并粘贴型腔底面精加工程序,如图 3-5-16 所示。
(2) 取消勾选"光顺进刀/退刀/步进",如图 3-5-17 所示。

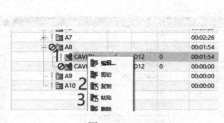
图 3-5-16

图 3-5-17

（3）设置"主要"节点参数，如图 3-5-18 所示。

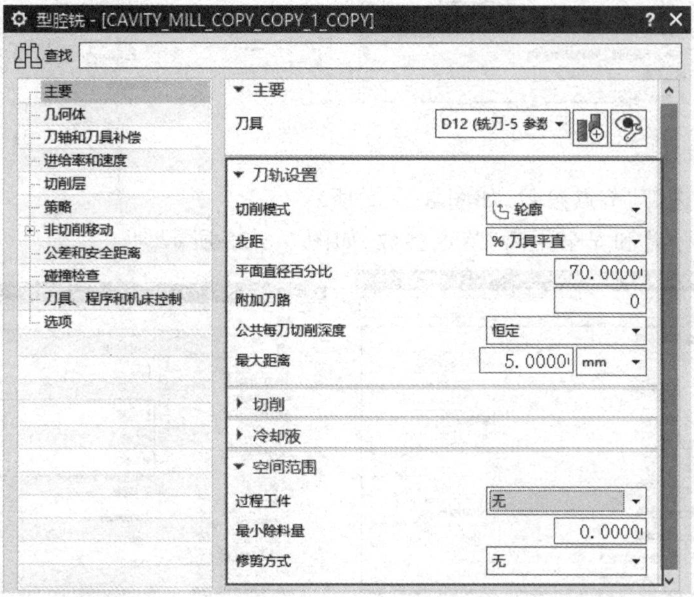

图 3-5-18

（4）设置"几何体"节点参数，如图 3-5-19 所示。

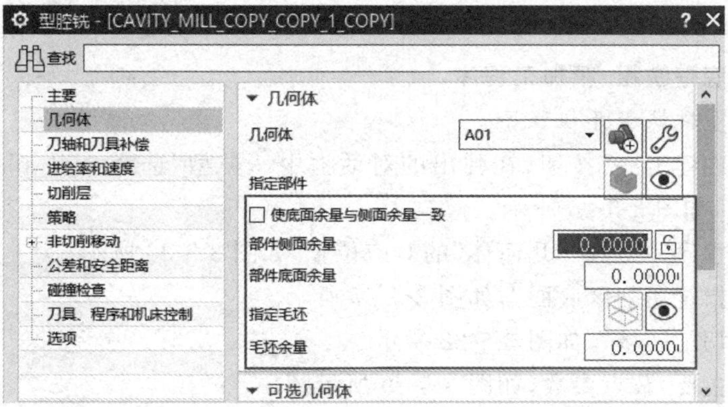

图 3-5-19

(5) 设置"刀轴和刀具补偿"参数,如图 3-5-20 所示。

(6) 设置"策略"节点参数,如图 3-5-21 所示。

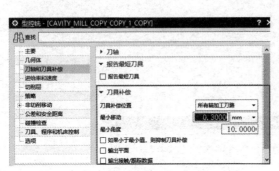

图 3-5-20

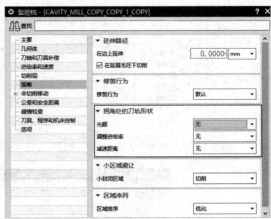

图 3-5-21

(7) 设置"进刀"节点参数,如图 3-5-22 所示。

(8) 设置"公差和安全距离"节点参数,如图 3-5-23 所示。

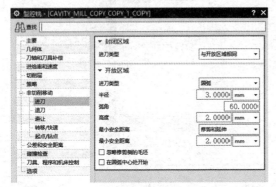

图 3-5-22

图 3-5-23

(9) 生成并检查刀轨,确认无误后单击"确定"按钮,型腔铣精加工侧面程序创建完成,如图 3-5-24 所示。

(三) 创建底壁铣粗、精加工程序

1. 创建底壁铣螺旋开粗程序

(1) 单击"创建工序"按钮,在弹出的对话框中,"类型"选择 mill_planar,"工序子类型"选择底壁铣,如图 3-5-25 所示。

(2) 选择"程序""刀具""几何体"的对应位置,如图 3-5-26 所示。

(3) 单击"指定切削区底面",如图 3-5-27 所示。

(4) 选择"切削区域",如图 3-5-28 所示。

(5) 设置"主要"节点参数,如图 3-5-29 所示。

(6) 设置"主轴速度"和"进给率"参数,如图 3-5-30 所示。

项目三 收纳盒模具数控铣加工前的准备

图 3-5-24

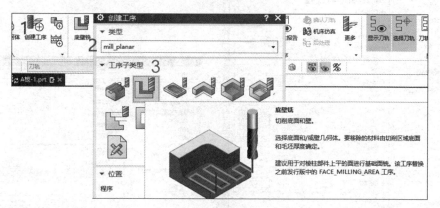

图 3-5-25

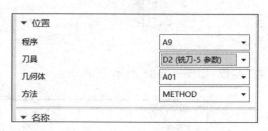

图 3-5-26

图 3-5-27

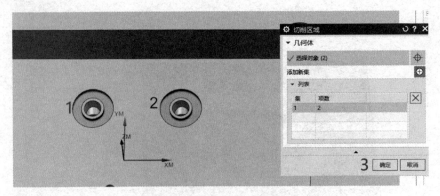

图 3-5-28

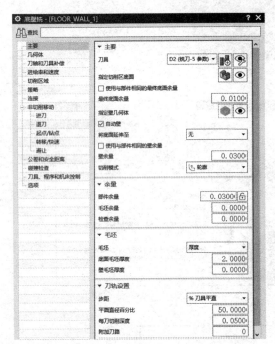

图 3-5-29

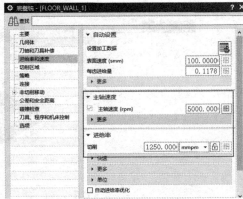

图 3-5-30

(7) 设置"切削区域"参数,如图 3-5-31 所示。

图 3-5-31

(8) 设置"切削顺序"参数,如图 3-5-32 所示。

(9) 设置进刀时"封闭区域"参数,如图 3-5-33 所示。

图 3-5-32

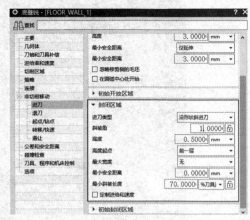

图 3-5-33

(10) 设置"退刀"参数,如图 3-5-34 所示。

(11) 设置"公差"参数,如图 3-5-35 所示。

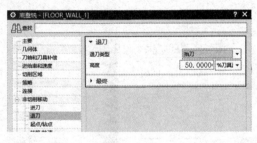

图 3-5-34

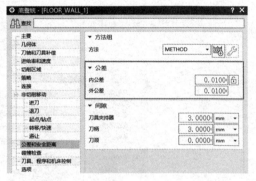

图 3-5-35

(12) 生成并确认刀轨,检查无误后单击"确定"按钮,底壁铣螺旋刀路创建完成,如图 3-5-36 所示。

2. 创建底壁铣精加工侧壁刀路

(1) 复制并粘贴底壁铣螺旋开粗程序,如图 3-5-37 所示。

(2) 设置"主要"节点参数,如图 3-5-38 所示。

(3) 设置"刀具补偿"参数,如图 3-5-39 所示。

(4) 设置"主轴速度"和"进给率"参数,如图 3-5-40 所示。

(5) 设置"切削顺序"参数,如图 3-5-41 所示。

(6) 设置"进刀"节点参数,如图 3-5-42 所示。

(7) 设置"退刀"参数,如图 3-5-43 所示。

(8) 设置"公差"参数,如图 3-5-44 所示。

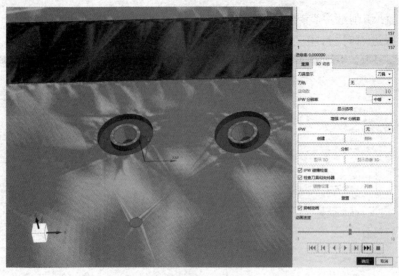

图 3-5-36

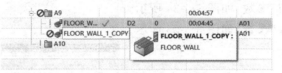

图 3-5-37

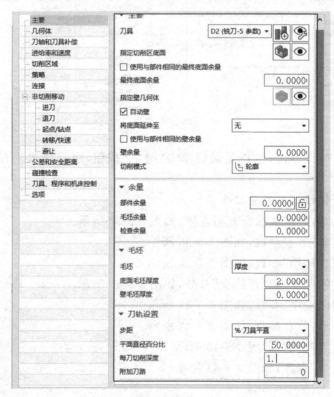

图 3-5-38

项目三 收纳盒模具数控铣加工前的准备

图 3-5-39

图 3-5-40

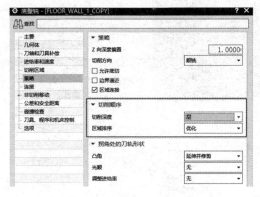

图 3-5-41

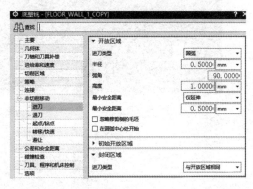

图 3-5-42

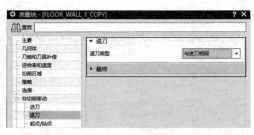

图 3-5-43

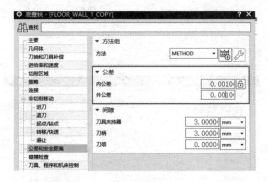

图 3-5-44

（9）生成并确认刀轨，检查无误后单击"确定"按钮，底壁铣精加工侧壁刀路完成，如图 3-5-45 所示。

（四）创建深度轮廓铣弧面精加工程序

（1）复制"深度轮廓铣清角程序"，将其内部粘贴至程序组"A10"中，如图 3-5-46 所示。

（2）设置"主要"节点参数，如图 3-5-47 所示。

（3）设置部件余量，如图 3-5-48 所示。

（4）设置"主轴速度"和"进给率"参数，如图 3-5-49 所示。

（5）设置"切削层"参数，如图 3-5-50 所示。

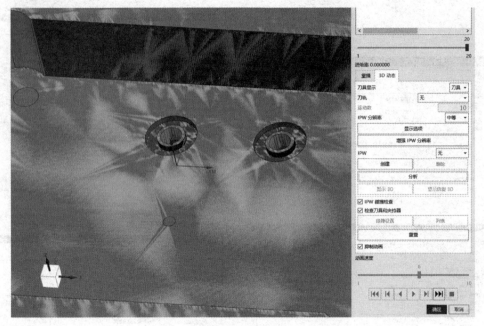

图 3-5-45

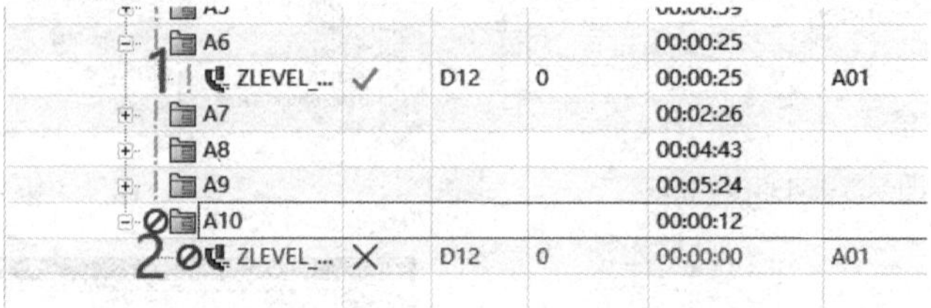

图 3-5-46

图 3-5-47

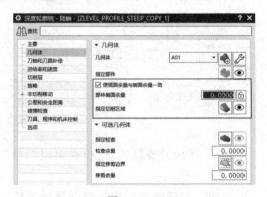

图 3-5-48

(6) 设置"策略"节点参数,如图 3-5-51 所示。

(7) 设置"公差"参数,如图 3-5-52 所示。

(8) 生成并确认刀轨,检查无误后单击"确定"按钮,深度轮廓铣弧面精加工程序创建完成,如图 3-5-53 所示。

项目三 收纳盒模具数控铣加工前的准备

图 3-5-49

图 3-5-50

图 3-5-51

图 3-5-52

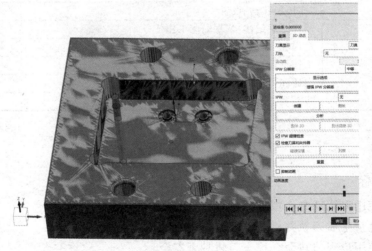

图 3-5-53

NX 自动编程加工参数设置

检查控制

（1）检查孔铣程序创建是否正确。

（2）检查型腔铣精加工底面程序创建是否正确。

（3）检查型腔铣精加工侧面程序创建是否正确。

（4）检查底壁铣螺旋开粗程序创建是否正确。

(5) 检查底壁铣精加工程序创建是否正确。
(6) 检查深度轮廓铣弧面精加工程序创建是否正确。

思考练习

(1) 在创建孔铣程序时,我们在"策略"节点里面修改了哪些"参数"?为什么要修改它们?
(2) 在使用型腔铣精加工时需要注意哪些细节?
(3) 在使用底壁铣螺旋开粗时需要设置哪些参数?
(4) 在使用底壁铣螺旋开粗时为什么要将"退刀"设置为"抬刀"?
(5) 在创建深度轮廓铣弧面精加工程序时,将公共每刀切削深度设置为"残余高度"有什么含义?

总结评价

根据本任务学习,完成表 3-5-1。

表 3-5-1 综合评价表

序号	内容		配分	自评	师评	得分
1	专业知识技能掌握	创建孔铣程序	10			
		创建型腔铣精加工底面程序	10			
		创建型腔铣精加工侧面程序	10			
		创建底壁铣螺旋开粗程序	10			
		创建底壁铣精加工程序	10			
		创建深度轮廓铣弧面精加工程序	10			
		"非切削移动"设置	15			
2	职业素养	遵守课堂纪律,认真完成工作任务	5			
		发现和分析问题的能力	5			
		工作页填写情况	5			
		沟通和协作能力	5			
		"7S"要求的遵守情况	5			

任务六 模拟仿真检查

任务目标

(1) 会使用刀轨动画模拟加工过程。
(2) 会批量生成刀轨并检查刀轨。
(3) 会使用检查刀轨命令检查刀轨是否安全。
(4) 会使用分析 IPW 命令检查刀轨设置是否正确。

任务流程

(1) 播放刀轨动画。
(2) 检查刀轨。
(3) 分析 IPW。
(4) 碰撞和过切刀轨测试。

任务实施

(一) 播放刀轨动画

选择程序组"型腔面-A",单击"显示 IPW"→"播放"按钮即可观看刀轨动画,如图 3-6-1 所示。

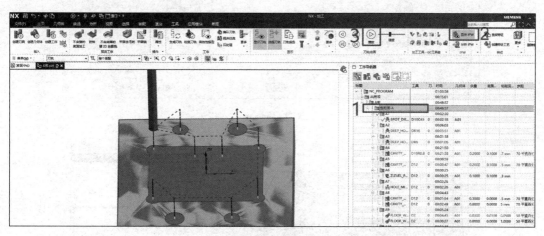

图 3-6-1

在播放动画过程中,可调整"播放速度"或取消"显示刀轨",如图 3-6-2 所示。

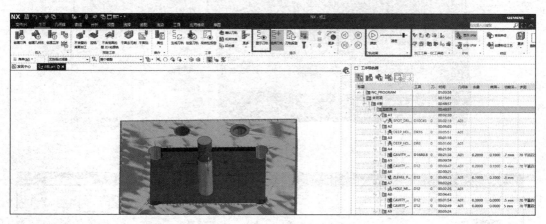

图 3-6-2

(二) 检查刀轨

1. 使用刀轨检查的操作顺序

选择程序组"型腔面-A",单击"生成刀轨"按钮,勾选"第一次过切或碰撞时暂停",单击"确定"按钮开始刀轨检查,如图 3-6-3 所示。

2. 观看刀轨报告

确认刀轨后,若没有弹出"报警对话框"及证明 NX 没有检测到过切或碰撞的刀轨,选择"刀轨记录"里的刀轨呈现绿色,如图 3-6-4 所示。

图 3-6-3

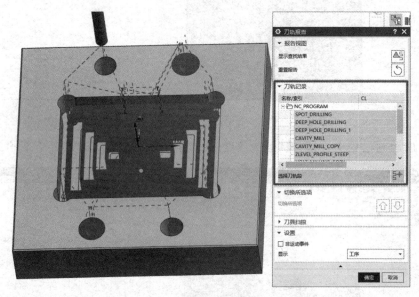

图 3-6-4

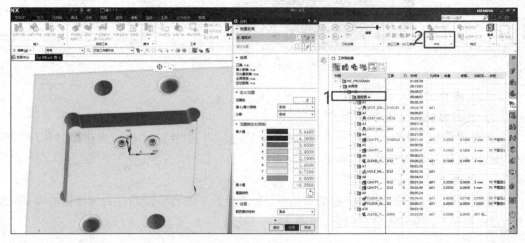

图 3-6-5

(三)分析 IPW

1. 直接单击"分析 IPW"

(1) 选择程序组"型腔面-A",单击"分析 IPW"按钮,NX 会自动计算该程序组的 IPW,弹出"分析"对话框,如图 3-6-5 所示。

(2) 观察模型和"范围颜色和限制"栏,若最小值中出现负数,则必须检查模型,找出该位置并检查对应刀轨,如图 3-6-6 所示。

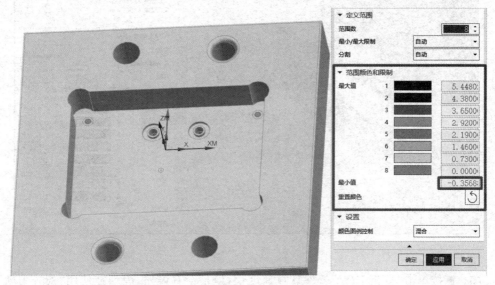

图 3-6-6

(3) 找到"IPW 过切的位置"在密封圈槽的侧壁,如图 3-6-7 所示。

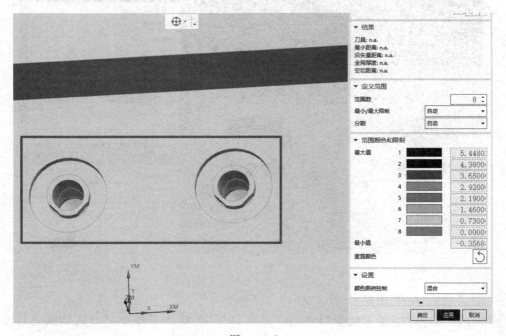

图 3-6-7

(4) 使用指定对应的点可以测量出该点位置的"过切值",如图3-6-8所示。

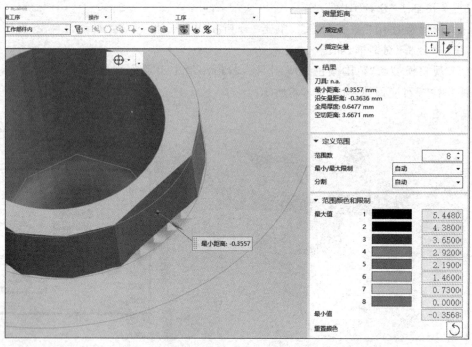

图 3-6-8

(5) 直接单击"分析IPW"软件计算速度快,但是会有误差,因为在使用"检查刀轨"时并没有发现该位置过切,建议使用其他环境下的"分析IPW",如图3-6-9所示。

图 3-6-9

2. 正确的"分析IPW"使用方法

(1) 按图3-6-10所示操作顺序,在"显示IPW"的状态下播放完刀轨动画之后使用

"分析 IPW"。

(2) 按图 3-6-11 所示操作顺序,在"确认刀轨"中使用"分析 IPW",如图 3-6-11 所示。

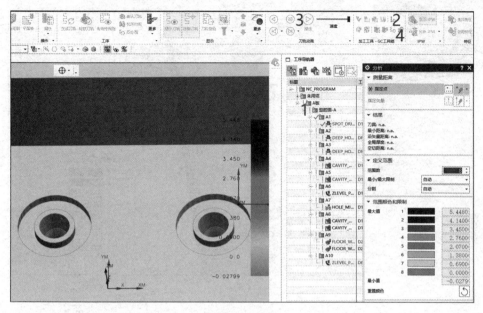

图 3-6-10

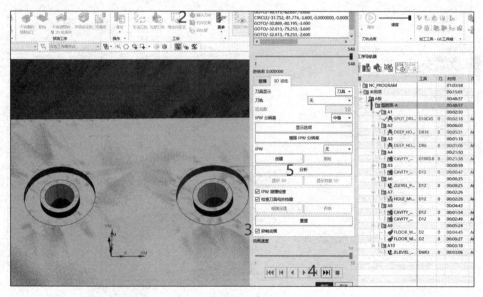

图 3-6-11

(3) 分析 IPW 彩图,如图 3-6-12 所示。

(四) 碰撞和过切刀轨测试

1. 非切削移动碰撞刀轨测试

(1) 按图 3-6-13 所示操作顺序,将进刀模式改为"无",重新生成程序并单击"确定刀轨"按钮。

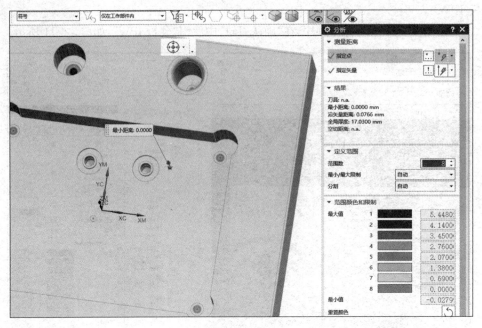

图 3-6-12

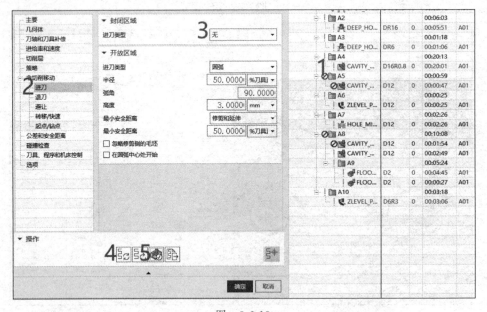

图 3-6-13

（2）按图 3-6-14 所示操作顺序，选择"3D 动态"并单击"碰撞设置"按钮。

（3）勾选"碰撞时暂停"后单击"确定"按钮，如图 3-6-15 所示。

（4）此时，播放刀轨动画 NX 将会出现"刀具和 IPW 在快速模式下发生碰撞"报警，如图 3-6-16 所示。

项目三 收纳盒模具数控铣加工前的准备

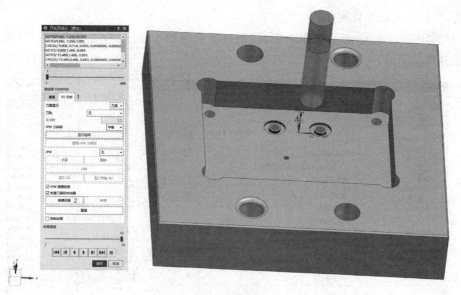

图 3-6-14

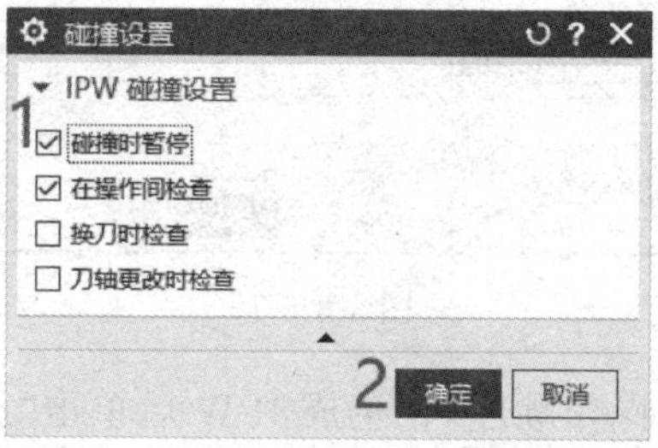

图 3-6-15

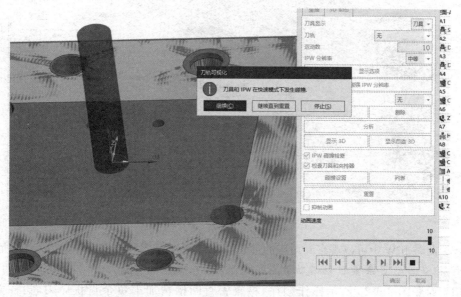

图 3-6-16

2. 负余量过切刀轨测试

(1) 参照图 3-6-17 所示操作顺序,将密封圈槽精加工程序"壁余量"改为"-0.5",然后生成并确认刀轨。

图 3-6-17

(2) 参照图 3-6-18 所示操作顺序,在生成 IPW 后单击"分析 IPW"。

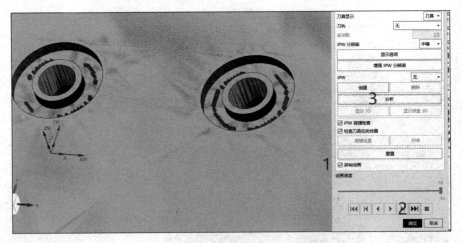

图 3-6-18

(3) 此时 IPW 中可以观察到对应的过切值,但 NX 不会报警或提示,如图 3-6-19 所示。

3. 检查刀轨负余量过切刀轨测试

(1) 参照图 3-6-20 所示操作顺序,检查密封圈槽精加工负余量程序刀轨,注意此时"过切检查余量"会默认为"-0.5",该值取决于程序设置的余量。

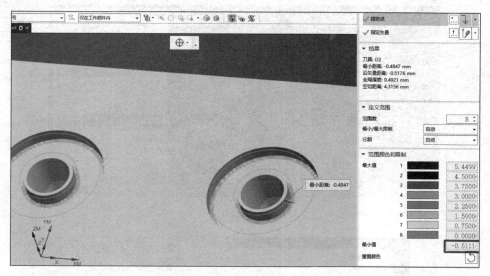

图 3-6-19

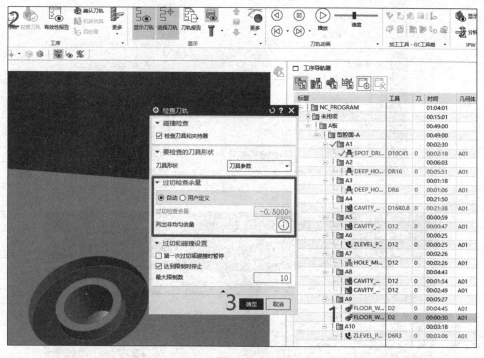

图 3-6-20

（2）检查刀轨后并不会有报警提示，如图 3-6-21 所示。

（3）再次检查程序，并参照图 3-6-22 所示操作顺序将"过切检查余量"设置为"0"，勾选"第一次过切或碰撞时暂停"。

（4）此时检查刀轨将会弹出"过切警告"对话框，单击"确定"按钮后会根据刀轨继续提示直到达到"最大限制次数"，如图 3-6-23 所示。

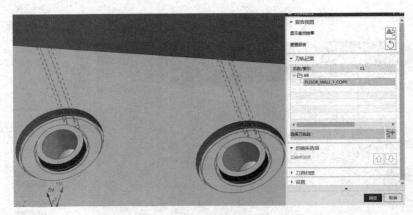

图 3-6-21

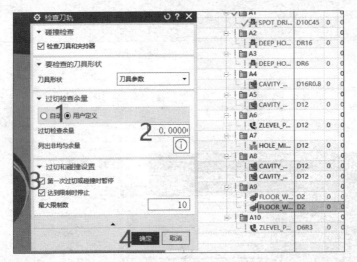

图 3-6-22

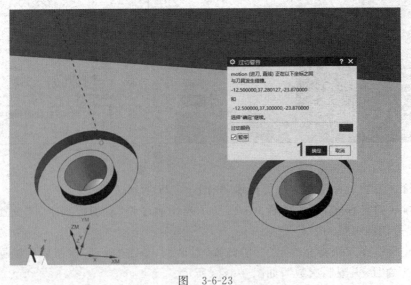

图 3-6-23

（5）取消"第一次过切或碰撞时暂停"，将"最大限制数"设置为"100"后检查刀轨，如图 3-6-24 所示。

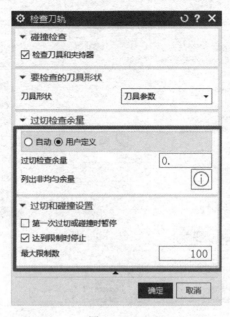

图 3-6-24

（6）此时"刀轨报告"对话框中显示所有的过切刀轨，如图 3-6-25 所示。

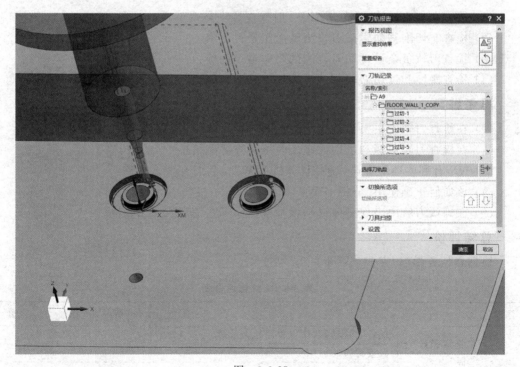

图 3-6-25

(7)测试完成后参照图 3-6-26 所示操作步骤,将程序复原并完成思考与练习。

图 3-6-26

检查控制

(1)检查在主页面使用"分析 IPW"时操作顺序是否正确。

(2)检查非切削移动碰撞刀轨测试操作是否正确。

(3)检查刀轨负余量过切刀轨测试操作是否正确。

(4)检查碰撞和过切刀轨测试后的程序是否复原。

思考练习

(1)在检查刀轨中主要检查哪些信息?

(2)在检查刀轨中遇到过切或碰撞时该检查哪些信息?

(3)NX 有哪些环境下可以使用"分析 IPW"?它们有什么利弊?

(4)该如何正确使用"分析 IPW"?

(5)在确认刀轨中出现碰撞提示该检查程序哪些信息?

总结评价

根据本任务学习,完成表 3-6-1。

表 3-6-1 综合评价表

序号	内　　容		配分	自评	师评	得分
1	专业知识技能掌握	观看刀轨动画,检查程序是否合理	10			
		检查刀轨的运用	10			
		确认刀轨的运用	10			

续表

序号	内　容		配分	自评	师评	得分
1	专业知识技能掌握	正确使用分析 IPW	5			
		分析出现过切的原因	10			
		检查并修改过切的刀轨	10			
		分析出现碰撞的原因	10			
		检查并修改碰撞的刀轨	10			
2	职业素养	遵守课堂纪律，认真完成工作任务	5			
		发现和分析问题的能力	5			
		工作页填写情况	5			
		沟通和协作能力	5			
		"7S"要求的遵守情况	5			

任务七　NX 用户默认后处理加载

任务目标

(1) 会加载 NX 用户默认后处理。
(2) 会使用后处理导出程序。
(3) 会检查后处理程序是否正确。

任务流程

(1) 修改 NX 用户默认加载后处理文件。
(2) 后处理加工程序。
(3) 检查后处理程序 NC 代码。

任务实施

（一）修改 NX 用户默认加载后处理文件

(1) 参照以下目录打开 NX 默认后处理文件目录：D:\Program Files\Siemens\NX 2206\MACH\resource，如图 3-7-1 所示。

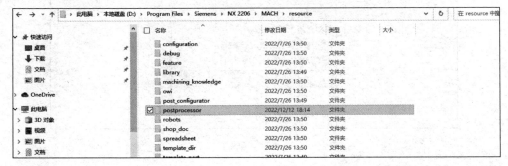

图　3-7-1

(2) 为防止操作失误可将原始文件复制一份备用，然后双击打开 postprocessor 文件，如图 3-7-2 所示。

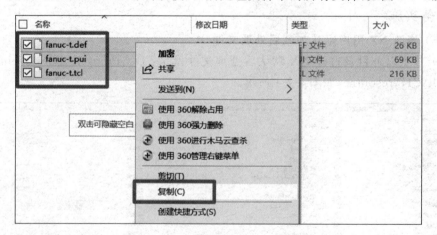

图 3-7-2

（3）参照图 3-7-3 所示位置打开课程素材"法兰克后处理-非自动换刀"后处理文件。

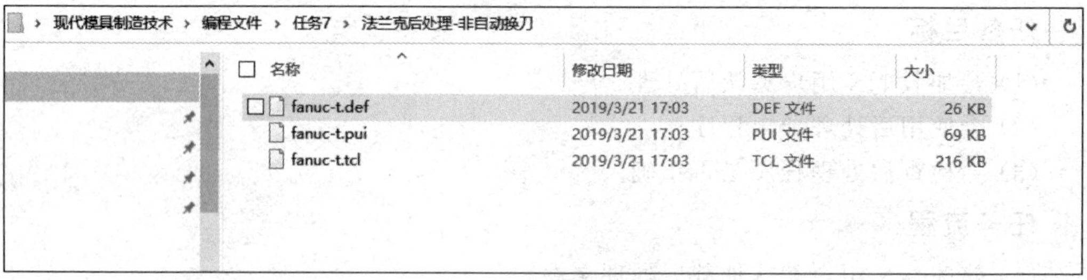

图 3-7-3

（4）复制"法兰克后处理-非自动换刀"后处理文件中的所有文件，如图 3-7-4 所示。

图 3-7-4

（5）将其粘贴至 postprocessor 文件夹内，如图 3-7-5 所示。
（6）复制后处理文件命名为 fanuc-t，如图 3-7-6 所示。
（7）用记事本打开 template_post 文件，如图 3-7-7 所示。

项目三 收纳盒模具数控铣加工前的准备 113

图 3-7-5

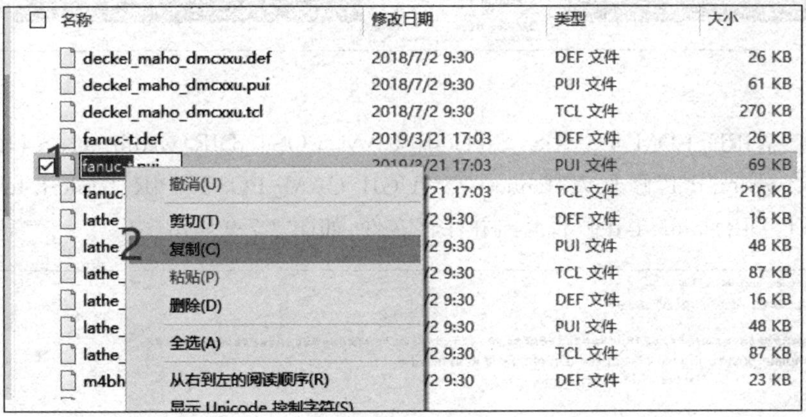

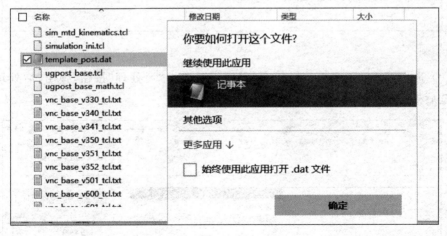

图 3-7-6

图 3-7-7

(8) 保留第一个,然后处理加载系统变量"WIRE_EDM_4_AXIS,＄{UGII_CAM_POST_DIR}wedm.tcl,＄{UGII_CAM_POST_DIR}wedm.def",删除多余的,然后处理加载系统变量,如图 3-7-8 所示。

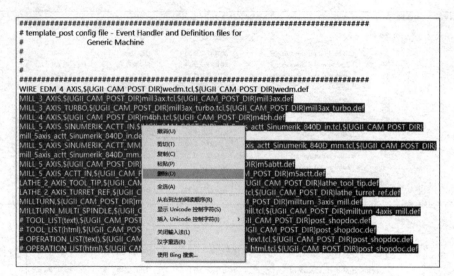

图 3-7-8

（9）将"WIRE_EDM_4_AXIS,＄{UGII_CAM_POST_DIR}wedm.tcl,＄{UGII_CAM_POST_DIR}wedm.def"修改为"fanuc-t,＄{UGII_CAM_POST_DIR}fanuc-t.tcl,＄{UGII_CAM_POST_DIR}fanuc-t.def"后退出并保存文件，如图3-7-9所示。

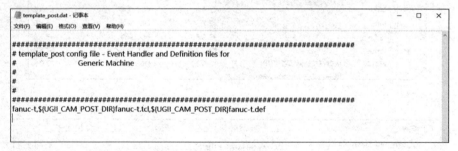

图 3-7-9

（10）进入NX加工页面选择任意"程序组"，单击"后处理"按钮，弹出"后处理"对话框，检查后处理是否加载完成，如图3-7-10所示。

图 3-7-10

（二）后处理加工程序

（1）参照图 3-7-11 所示操作顺序，选择"型腔面-A"程序组，单击"后处理"按钮，选择 fanuc-t，单击"浏览以检查输出文件"按钮。

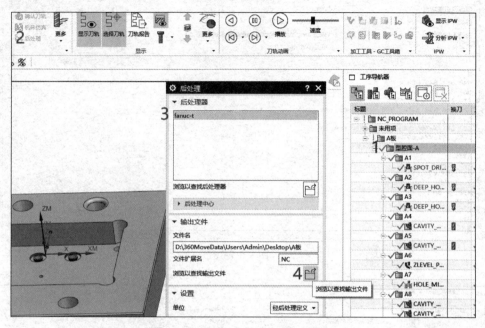

图 3-7-11

（2）参照图 3-7-12 所示操作顺序，将输出文件选择为桌面后单击"确定"按钮，回到"后处理"对话框后单击"确定"按钮开始后处理加工程序。

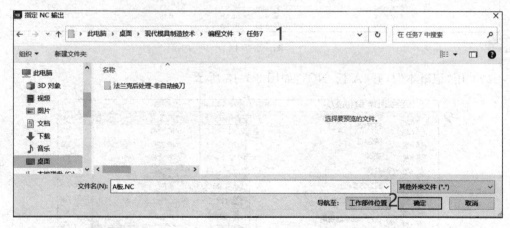

图 3-7-12

（3）后处理完成后弹出"信息"窗口，如图 3-7-13 所示。

（三）检查后处理程序 NC 代码

（1）打开后处理程序根目录"\桌面\现代模具制造技术\编程文件\任务 7"，如图 3-7-14 所示。

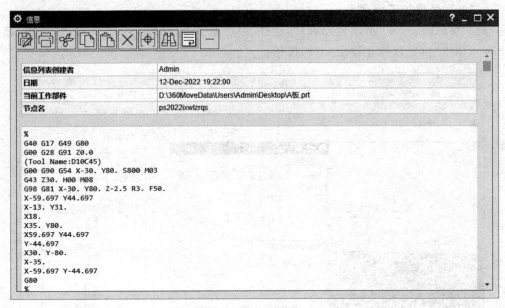

图 3-7-13

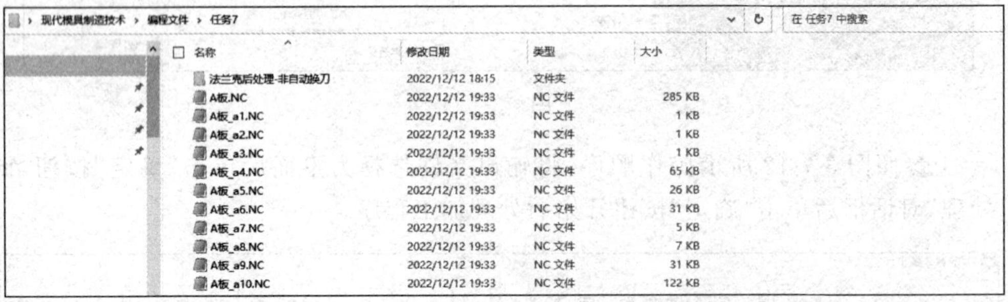

图 3-7-14

(2) 用"记事本"打开"A 板.NC",如图 3-7-15 所示。

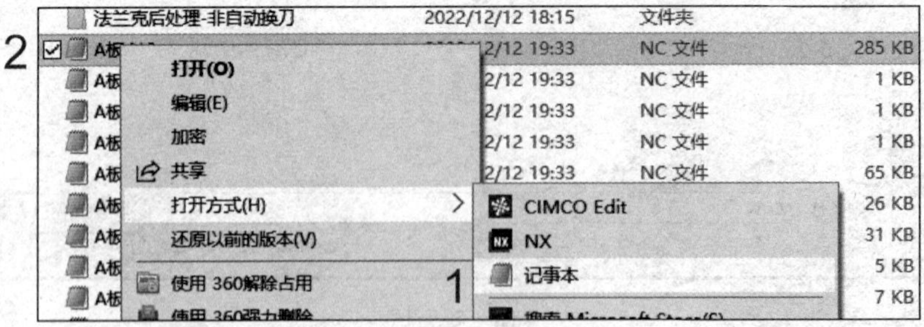

图 3-7-15

(3) 检查后处理代码。注意：该程序在第一把刀结束后并没有抬刀和主轴回原点数控代码,而是直接出现了"％",如图 3-7-16 所示。

(4) 打开"A 板_a1.NC"和"A 板.NC"做对比,可以发现"A 板.NC"为总程序,可用来仿真,但是在换刀时缺少数控代码不能直接上传机床加工,而"A 板_a1.NC"代码完整,可上传机床加工,如图 3-7-17 所示。

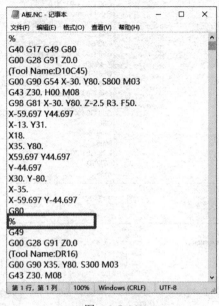

图 3-7-16

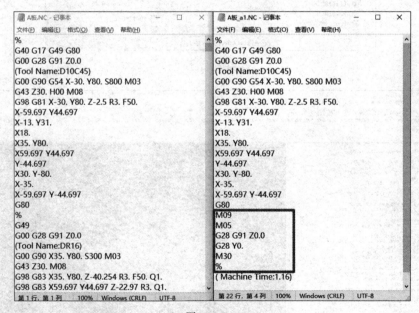

图 3-7-17

(5) 按以上方法依次检查其余程序,如图 3-7-18 所示。

(6) 在检查代码较大的程序时可借助程序模拟软件检查刀轨,操作流程参照图 3-7-19。

(7) 按图 3-7-20 所示操作顺序在 CIMCO Edit 软件中模拟程序加工动画,刀路与 NX 软件模拟一致,则证明后处理程序代码正确。

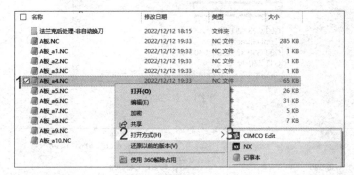

图 3-7-18

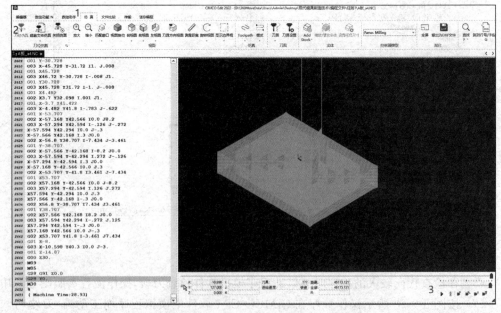

图 3-7-19

NX 用户默认设置后处理加载

图 3-7-20

检查控制

(1) 检查修改 NX 用户默认加载后处理文件操作是否正确。
(2) 检查后处理加工程序操作是否正确。
(3) 检查后处理程序 NC 代码文件是否正确。
(4) 检查在 CIMCO Edit 软件中模拟程序加工动画操作是否正确。

思考练习

(1) 为什么要修改并加载 NX 默认后处理？
(2) 在后处理时选择"型腔面-A"程序组后处理的程序文件有哪些规律？
(3) 为什么案例中后处理的程序汇总文件"A 板.NC"不能上传机床加工？
(4) 使用程序文件模拟软件有哪些好处？

总结评价

根据本任务学习，完成表 3-7-1。

表 3-7-1 综合评价表

序号	内容		配分	自评	师评	得分
1	专业知识技能掌握	修改 NX 用户默认加载后处理	20			
		后处理加工程序	10			
		检查后处理程序 NC 代码文件是否正确	10			
		使用 CIMCO Edit 软件中模拟加工程序文件	20			
		后处理程序组的规律	15			
2	职业素养	遵守课堂纪律，认真完成工作任务	5			
		发现和分析问题的能力	5			
		工作页填写情况	5			
		沟通和协作能力	5			
		"7S"要求的遵守情况	5			

收纳盒模具主要零件数控铣CAM编程

项目目标

分析收纳盒模具 A 板上模框的三维模型和工程图纸,运用 NX 自动编程软件完成收纳盒模具 A 板上模框的数控铣编程,掌握 NX 数控加工自动编程的相关知识。

(1) 能熟练运用 NX 软件完成模型编程前的优化。
(2) 会使用 NX 自动编程常用命令。
(3) 会设置 NX 自动编程加工参数。
(4) 会使用 NX 软件进行程序加工模拟。
(5) 会加载 NX 用户默认后处理。

项目描述

分析收纳盒模具 A 板上模框的三维模型和工程图纸,运用 NX 自动编程软件完成收纳盒模具 A 板上模框的数控编程。结合所学内容以线下考核的形式对操作技能和程序进行总结与评价。

项目流程

任务一　A 板模仁数控铣 CAM 编程　　　　　　　　　　　(2 课时)

任务一　A 板模仁数控铣 CAM 编程

任务目标

(1) 能建立合理的加工坐标系并创建程序组。
(2) 能正确编写 A 板模仁数控铣粗加工程序。
(3) 能正确编写 A 板模仁数控铣精加工程序。
(4) 能熟悉 NX 数控铣 CAM 编程中常用工序的使用。
(5) 能熟悉 NX 数控铣 CAM 编程常用参数的设置。

任务流程

(1) 新建模型文件。

(2) 设置加工坐标系和加工部件几何体。

(3) 创建刀具。

(4) 编写粗加工程序。

(5) 编写精加工程序。

任务实施

(一) 新建模型文件

用 NX 打开 X:\现代模具制造技术\3D 模型文件夹中的"收纳盒模具总装图",新建"A 板模仁"模型文件。

(1) 将模型从"收纳盒模具总装图"中复制到新建文件"A 板模仁"中,如图 4-1-1 所示。

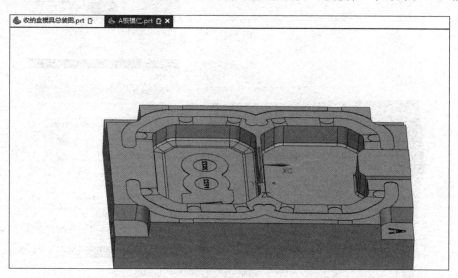

图 4-1-1

(2) 利用"包容体"命令创建一个包容体,如图 4-1-2 所示。

(3) 利用"移动对象"命令将部件和包容体一起摆正,在指定起始坐标系时选择"自动判断"并选择包容体的顶面,如图 4-1-3 所示。

(4) 利用"移动对象"命令将部件和包容体一起旋转 180°,基准角 A 摆放至右下角,如图 4-1-4 所示。

(5) 利用"图层复制"命令将部件复制一份至"100 层",如图 4-1-5 所示。

(6) 利用"图层移动"命令将包容体移动至"2 层",如图 4-1-6 所示。

(7) 利用"删除面"命令将"浇口孔"删除,如图 4-1-7 所示。

(8) 打开"图层设置"窗口完成图层"类别"命名,如图 4-1-8 所示。

(9) 利用"移除参数"命令将参数移除,如图 4-1-9 所示。

(二) 设置加工坐标系和部件几何体

(1) 设置加工环境,进入加工模块,如图 4-1-10 所示。

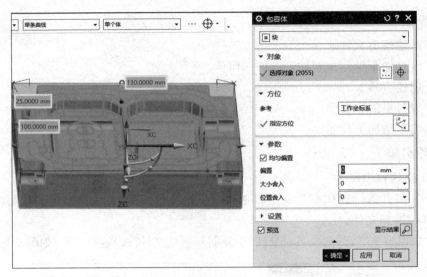

图 4-1-2

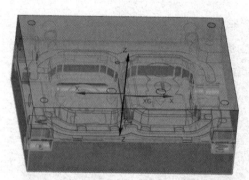

图 4-1-3

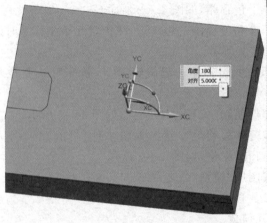

图 4-1-4

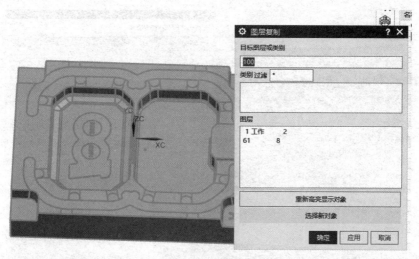

图 4-1-5

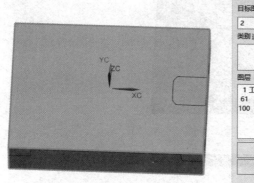

图 4-1-6

图 4-1-7

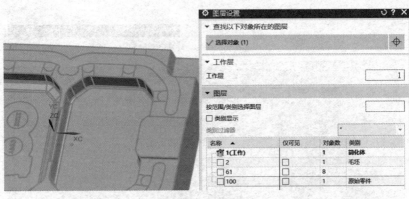

图 4-1-8

图 4-1-9

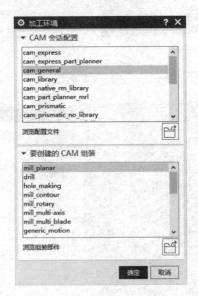

图 4-1-10

（2）设置"加工坐标系"为默认的"绝对坐标系"，将安全平面设置为顶面偏置"30"。如图 4-1-11 所示。

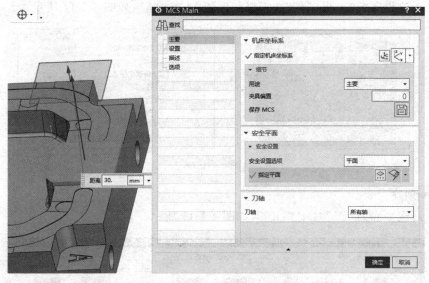

图 4-1-11

（3）设置"WORKPIECE"，将"部件"设置为图层 1 中的简化体"体（1）"，将"毛坯"设置为图层 2 中的"包容体（3）"，如图 4-1-12 所示。

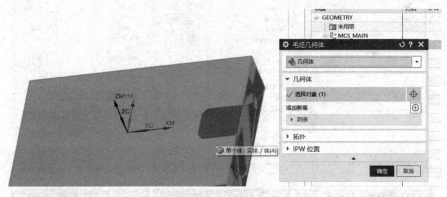

图 4-1-12

（4）将"WCS"改名为"A"，将"WORKPIECE"改名为"A01"，删除多余坐标系，如图 4-1-13 所示。

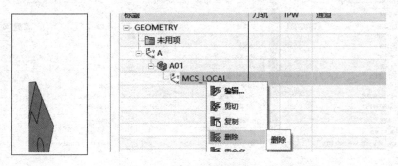

图 4-1-13

(5)创建程序组"A 板模仁"和子级程序组"A1～A5",如图 4-1-14 所示。

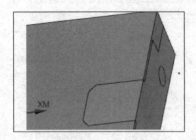

图　4-1-14

(三)创建

(1)创建平底刀"D8""D4""D10",如图 4-1-15 所示。

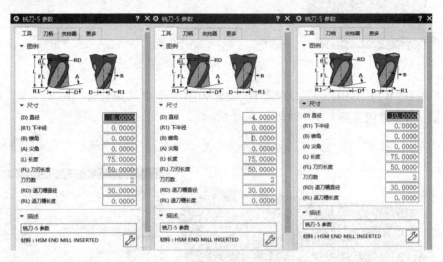

图　4-1-15

(2)创建平底刀"D2""D1""D16",如图 4-1-16 所示。

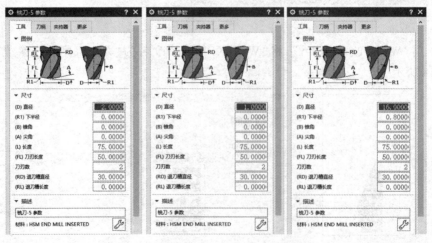

图　4-1-16

（3）创建圆鼻刀"D6R0.5""D3R0.5"和球刀"R0.5"，如图 4-1-17 所示。

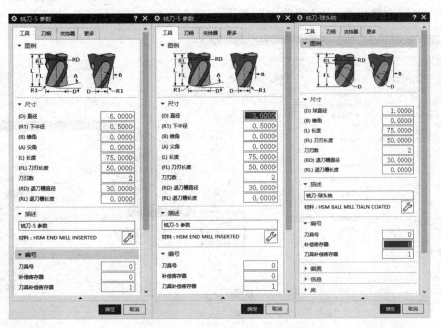

图　4-1-17

（四）编写粗加工程序

（1）创建"型腔铣工序"，设置"主要"节点参数，如图 4-1-18 和图 4-1-19 所示。

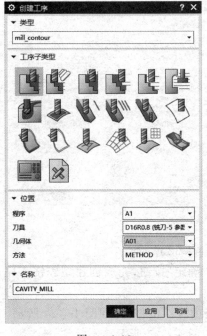

图　4-1-18

图　4-1-19

(2) 设置"几何体"节点参数,单击"指定修剪边界"按钮,指定"包容体顶面"为修剪边界,设置"定制边界数据"为余量"-3",如图 4-1-20 所示。

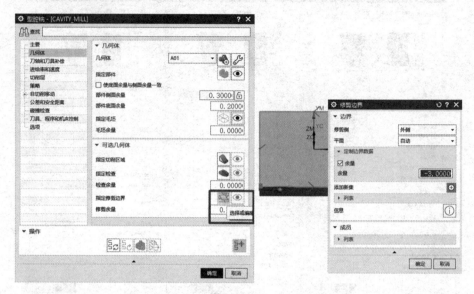

图 4-1-20

(3) 设置"进给率和速度"和"策略"节点参数,如图 4-1-21 所示。

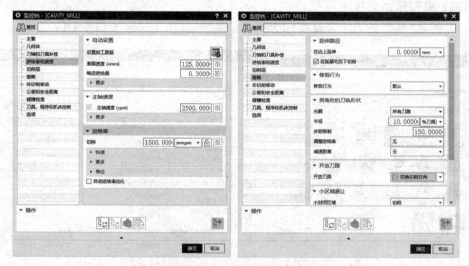

图 4-1-21

(4) 设置"进刀"和"转移/快速"节点参数,如图 4-1-22 所示。

(5) "生成刀轨"和"确认刀轨"检查无误后单击"确定"按钮,完成创建型腔铣工序,如图 4-1-23 所示。

(6) 复制"CAVITY_MILL"工序至"A2"程序组内并双击打开,如图 4-1-24 所示。

(7) 设置"主要"和"进给率和速度"节点参数,如图 4-1-25 所示。

(8) 设置"进刀"和"光顺"节点参数,如图 4-1-26 所示。

项目四 收纳盒模具主要零件数控铣CAM编程

图 4-1-22

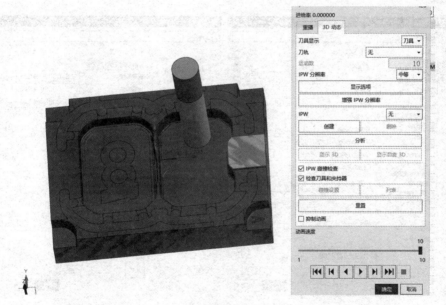

图 4-1-23

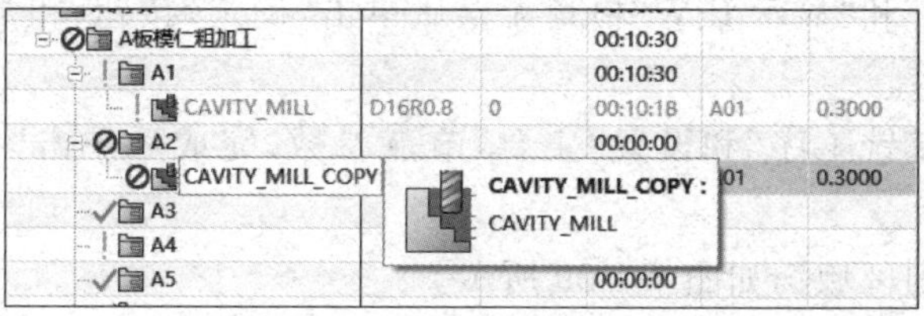

图 4-1-24

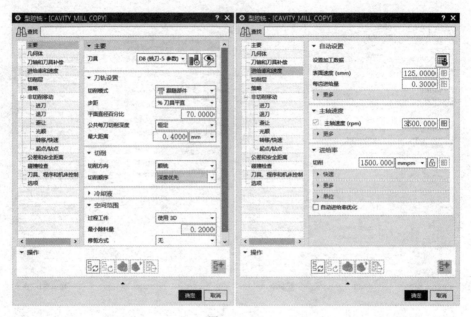

图 4-1-25

图 4-1-26

(9)"生成刀轨"和"显示 IPW"检查无误后单击"确定"按钮,粗加工清角程序创建完成,如图 4-1-27 所示。

(10)创建"底壁铣工序"和设置"主要"节点参数,完成后单击"指定切削区底面"按钮,如图 4-1-28 所示。

(11)选择"切削区域",如图 4-1-29 所示。

(12)设置"进给率和速度"和"切削区域"节点参数,如图 4-1-30 所示。

项目四 收纳盒模具主要零件数控铣CAM编程

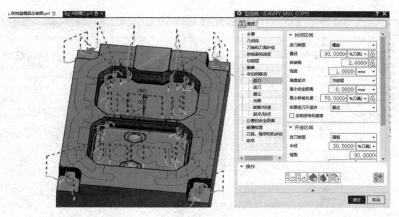

图 4-1-27

图 4-1-28

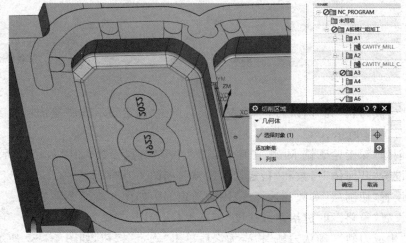

图 4-1-29

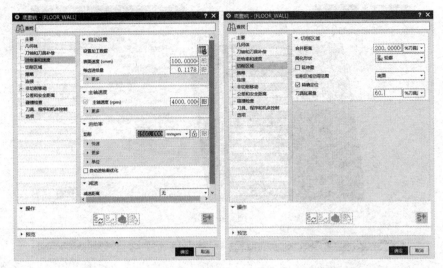

图 4-1-30

（13）设置"进刀"和"转移/快速"节点参数，如图 4-1-31 所示。

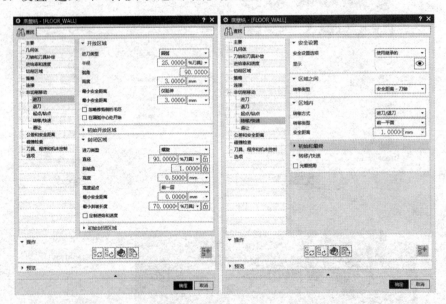

图 4-1-31

（14）"生成刀轨"和"确认刀轨"检查无误后单击"确定"按钮，底壁铣粗加工程序创建完成，如图 4-1-32 所示。

（15）创建"深度轮廓铣-陡峭"工序和设置"主要"节点参数，如图 4-1-33 所示。

（16）设置"几何体"参数和"指定切削区域"，如图 4-1-34 所示。

（17）设置"切削层"参数和选择"范围 1 的顶部"，如图 4-1-35 所示。

（18）设置"策略"和"进给率和速度"节点参数，如图 4-1-36 所示。

（19）"生成刀轨""确认刀轨"检查无误后单击"确定"按钮，如图 4-1-37 所示。

项目四 收纳盒模具主要零件数控铣CAM编程

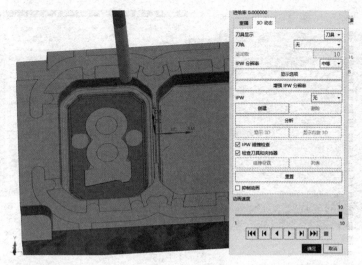

图 4-1-32

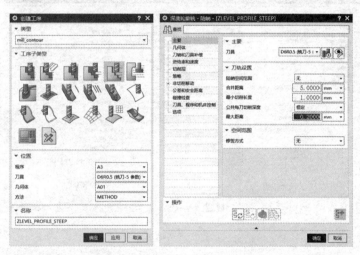

图 4-1-33

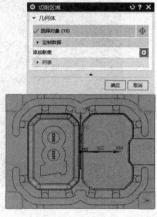

图 4-1-34

图 4-1-35

图 4-1-36

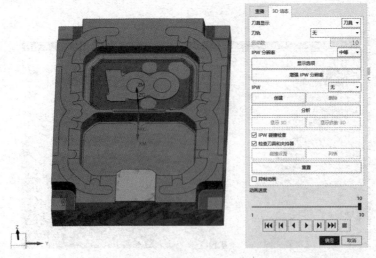

图 4-1-37

(20) 复制一份"ZLEVEL_PROFILE_STEEP"工序并双击将其打开,如图 4-1-38 所示。

图 4-1-38

(21) 在"几何体"节点内重新指定"切削区域",如图 4-1-39 所示。

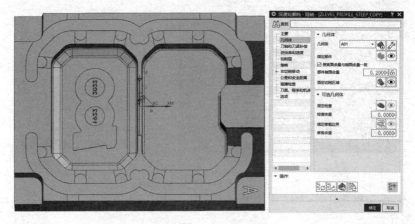

图 4-1-39

(22) 设置"切削层"节点参数,先将"范围类型"切换至"用户定义",再选择"部件顶面"为"范围 1 的顶部",范围深度为"1.53",如图 4-1-40 所示。

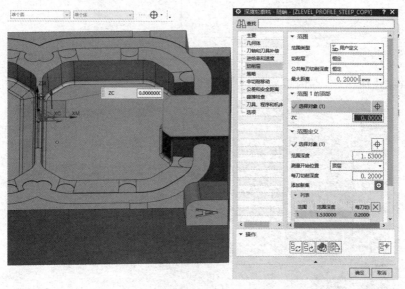

图 4-1-40

(23)"生成刀轨"和"确认刀轨"检查无误后单击"确定"按钮,工序创建完成,如图 4-1-41 所示。

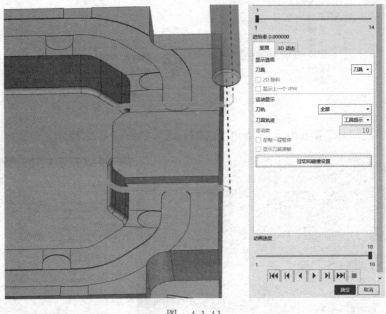

图 4-1-41

(24)复制一份"ZLEVEL_PROFILE_STEEP_COPY"工序并将其双击打开,如图 4-1-42 所示。

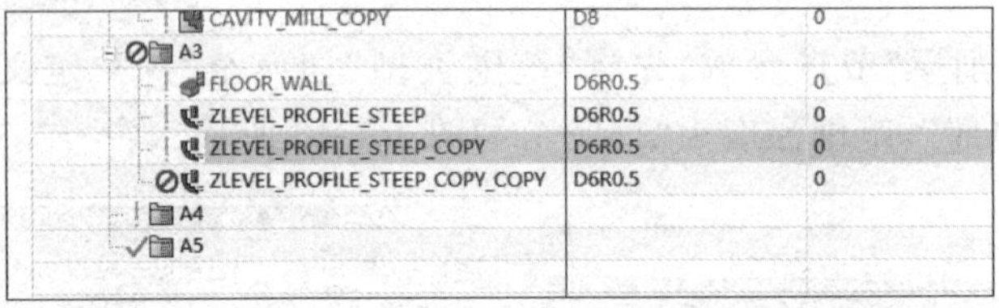

图 4-1-42

(25)在"几何体"节点内重新指定"切削区域",如图 4-1-43 所示。

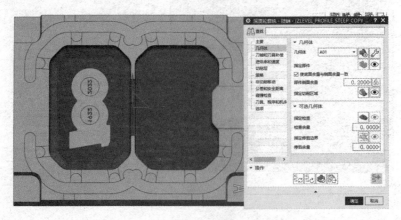

图 4-1-43

(26）设置"切削层"节点参数,先将"范围类型"切换至"自动",再选择"部件顶面"为"范围1的顶部",如图4-1-44所示。

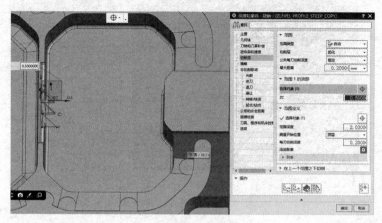

图 4-1-44

(27）设置"策略"节点参数,在"主要"节点参数内将"最小切削长度"设置为"5",如图4-1-45所示。

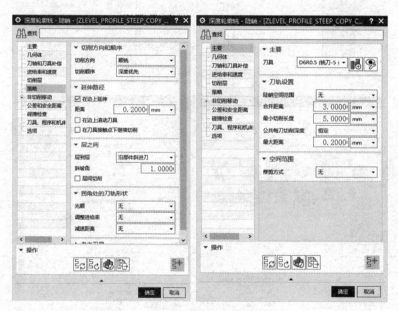

图 4-1-45

(28）"生成刀轨"和"确认刀轨"检查无误后单击"确定"按钮,粗加工程序创建完成,如图4-1-46所示。

（五）编写精加工程序

（1）新建程序组"A板模仁精加工"和子级程序组"B1~B8",如图4-1-47所示。

（2）创建"底壁铣工序",设置"主要"节点参数后单击"指定切削区底面",如图4-1-48所示。

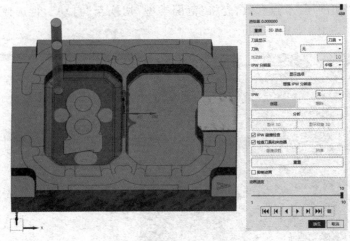

图 4-1-46

图 4-1-47

图 4-1-48

(3) 选择"切削区底面",如图 4-1-49 所示。
(4) 设置"进给率和速度""切削区域"节点参数,如图 4-1-50 所示。
(5) 设置"策略"和"公差和安全距离"节点参数,如图 4-1-51 所示。

项目四　收纳盒模具主要零件数控铣CAM编程

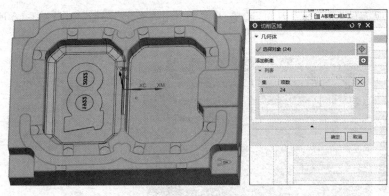

图 4-1-49

图 4-1-50

图 4-1-51

(6)"生成刀轨"和"确认刀轨"检查无误后单击"确定"按钮,如图 4-1-52 所示。

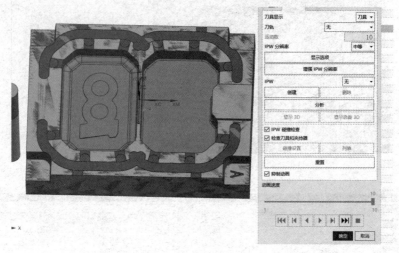

图 4-1-52

(7)复制"FLOOR_WALL_1"内部粘贴至程序组"B3"内,如图 4-1-53 所示。

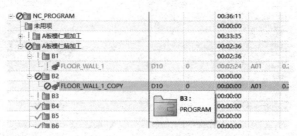

图 4-1-53

(8)设置"主要"节点参数、"指定切削区底面",如图 4-1-54 所示。

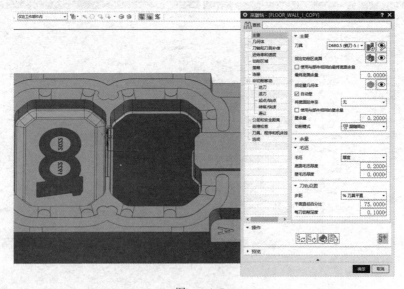

图 4-1-54

(9) 设置"进给率和速度""策略"节点参数,如图 4-1-55 所示。

图 4-1-55

(10) 设置"进刀"节点参数,如图 4-1-56 所示。

图 4-1-56

(11) "生成刀轨"和"确认刀轨"检查无误后单击"确定"按钮,如图 4-1-57 所示。
(12) 复制一份"FLOOR_WALL_1_COPY"并将其双击打开,如图 4-1-58 所示。
(13) 设置"主要"节点参数、"指定切削区底面",如图 4-1-59 所示。

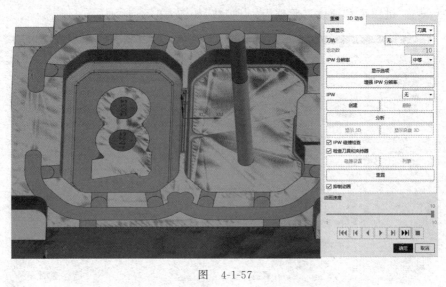

图 4-1-57

图 4-1-58

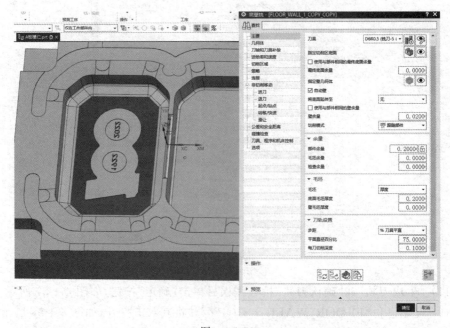

图 4-1-59

（14）"生成刀轨"和"确认刀轨"检查无误后单击"确定"按钮，如图4-1-60所示。

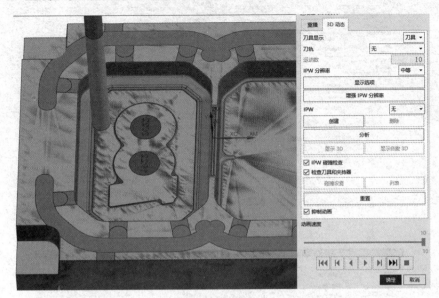

图 4-1-60

（15）复制"A3"程序组中的"ZLEVEL_PROFILE_STEEP""ZLEVEL_PROFILE_STEEP_COPY""ZLEVEL_PROFILE_STEEP_COPY_COPY"至"B2"程序组下，并双击打开"ZLEVEL_PROFILE_STEEP_COPY_1"工序，如图4-1-61所示。

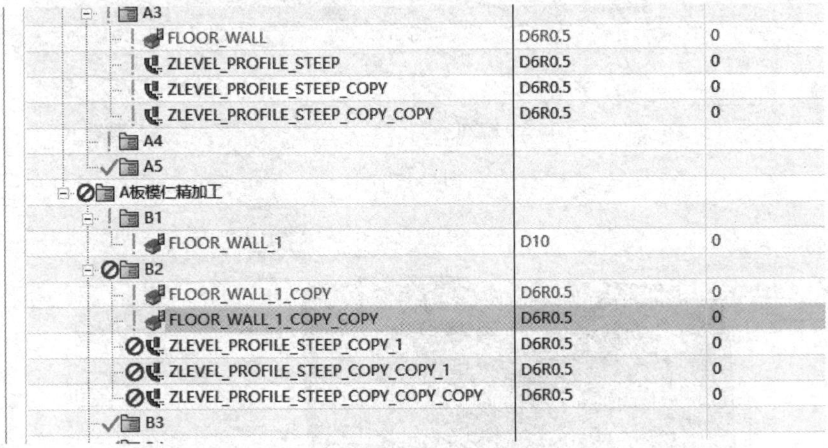

图 4-1-61

（16）设置"主要"和"几何体"节点参数，如图4-1-62所示。

（17）设置"进给率和速度""公差和安全距离"节点参数，如图4-1-63所示。

（18）"生成刀轨"和"确认刀轨"检查无误后单击"确定"按钮，工序创建完成，如图4-1-64所示。

（19）选择"ZLEVEL_PROFILE_STEEP_COPY_COPY_1"工序并双击打开，将"最大距离"改为"0.06"，将"部件侧面余量"改为"0"，如图4-1-65所示。

图 4-1-62

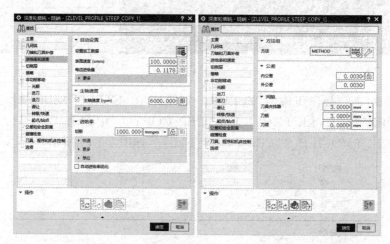

图 4-1-63

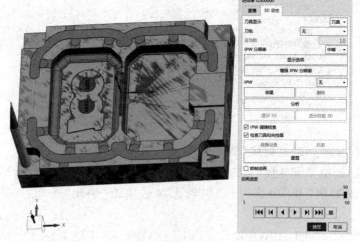

图 4-1-64

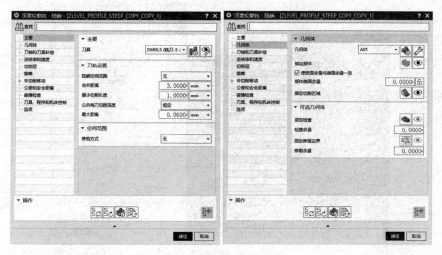

图 4-1-65

（20）设置"进给率和速度""公差和安全距离"节点参数，如图 4-1-66 所示。

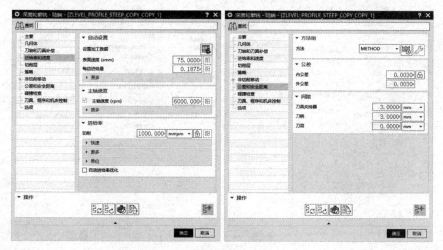

图 4-1-66

（21）"生成刀轨"和"确认刀轨"检查无误后单击"确定"按钮，工序创建完成，如图 4-1-67 所示。

（22）选择"ZLEVEL_PROFILE_STEEP_COPY_COPY_COPY"工序并双击打开，将"最大距离"改为"0.06"，将"部件侧面余量"改为"0"，如图 4-1-68 所示。

（23）在"几何体"节点内重新"指定切削区域"，如图 4-1-69 所示。

（24）设置"进给率和速度""公差和安全距离"节点参数，如图 4-1-70 所示。

（25）"生成刀轨"和"确认刀轨"检查无误后单击"确定"按钮，工序创建完成，如图 4-1-71 所示。

（26）创建"底壁铣工序"，设置"主要"节点参数，单击"指定切削区底面"按钮，如图 4-1-72 所示。

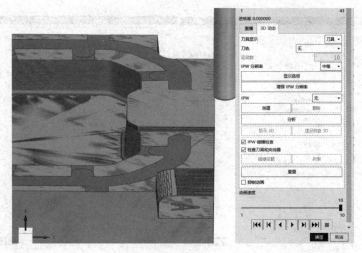

图 4-1-67

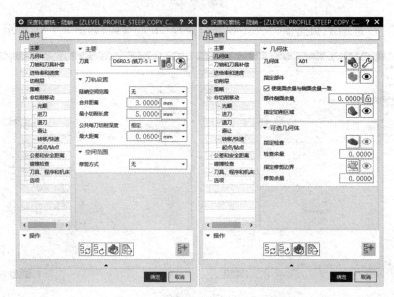

图 4-1-68

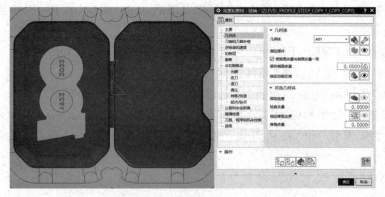

图 4-1-69

项目四 收纳盒模具主要零件数控铣CAM编程

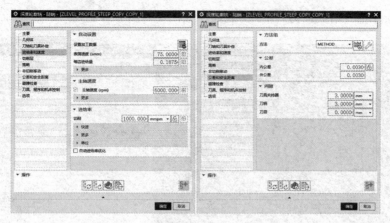

图 4-1-70

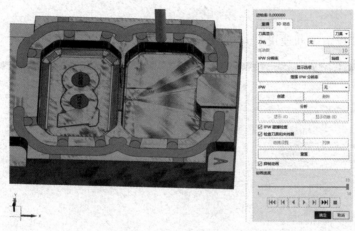

图 4-1-71

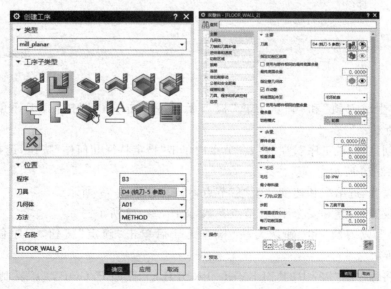

图 4-1-72

（27）选择排气槽底面为"加工区底面"，如图 4-1-73 所示。

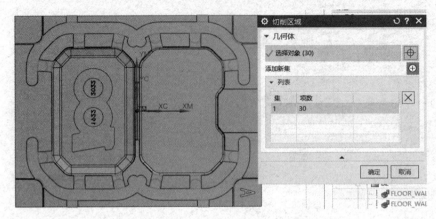

图 4-1-73

（28）设置"进给率和速度""切削区域"节点参数，如图 4-1-74 所示。

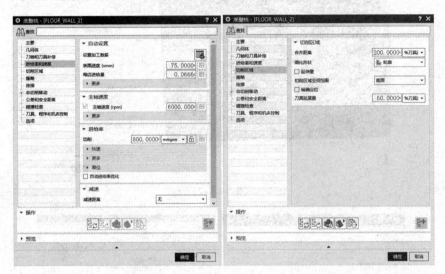

图 4-1-74

（29）"生成刀轨"和"确认刀轨"检查无误后单击"确定"按钮，工序创建完成，如图 4-1-75 所示。

（30）创建"孔铣工序"，在"主要"节点内单击"指定特征几何体"按钮，选择"特征几何体"，如图 4-1-76 所示。

（31）设置"进给率和速度""策略"节点参数，如图 4-1-77 所示。

（32）设置"公差和安全距离"节点参数，如图 4-1-78 所示。

（33）"生成刀轨"和"确认刀轨"检查无误后单击"确定"按钮，工序创建完成，如图 4-1-79 所示。

（34）将程序组"B2"中的"ZLEVEL_PROFILE_STEEP_COPY_1"复制一份至程序组"B3"并双击将其打开，如图 4-1-80 所示。

项目四 收纳盒模具主要零件数控铣CAM编程 149

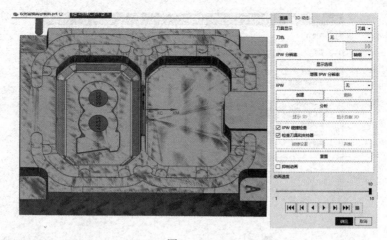

图 4-1-75

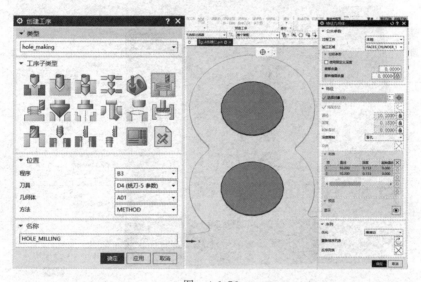

图 4-1-76

图 4-1-77

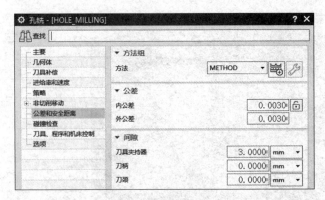

图 4-1-78

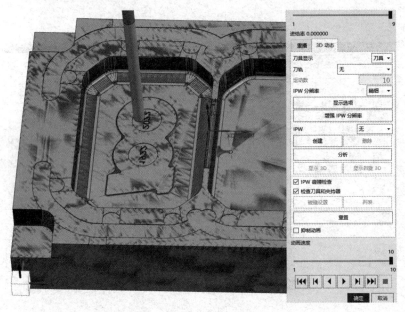

图 4-1-79

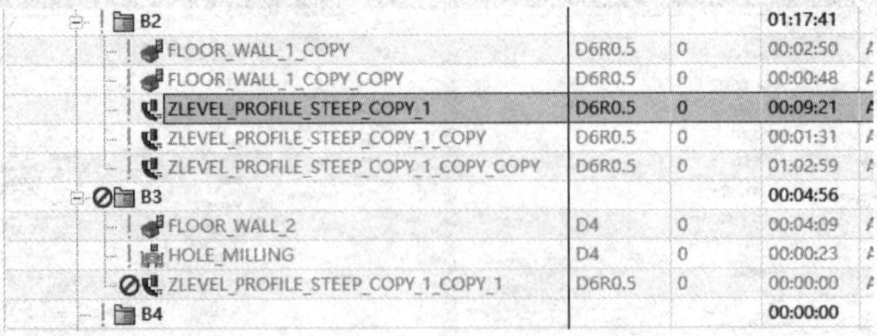

图 4-1-80

（35）设置"主要"和"策略"节点参数，如图 4-1-81 所示。

（36）"生成刀轨"和"确认刀轨"确认无误后单击"确定"按钮，如图 4-1-82 所示。

（37）将程序组"B2"中的"ZLEVEL_PROFILE_STEEP_COPY_1_COPY_COPY"复制一份至程序组"B3"并双击将其打开，如图 4-1-83 所示。

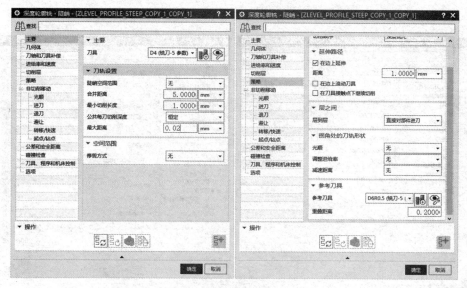

图 4-1-81

图 4-1-82

图 4-1-83

(38) 设置"主要"和"策略"节点参数,如图 4-1-84 所示。

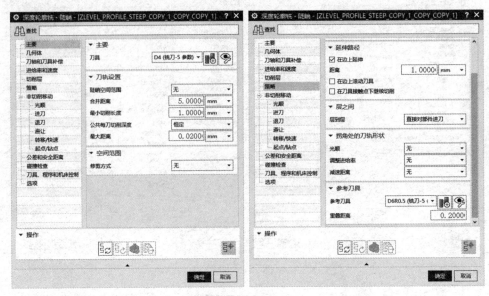

图 4-1-84

(39) 选择"切削区域"去除型腔部分不需要清根的面,如图 4-1-85 所示。

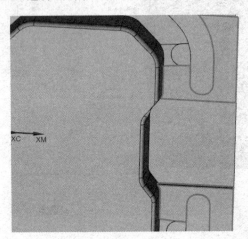

图 4-1-85

(40) "生成刀轨""确认刀轨"确认无误后单击"确定"按钮,如图 4-1-86 所示。

(41) 创建"清根铣-参考刀具"工序,设置"主要"节点参数,如图 4-1-87 所示。

(42) 在"几何体"节点内选择"指定切削区域",如图 4-1-88 所示。

(43) 设置"进给率和速度""公差和安全距离"节点参数,如图 4-1-89 所示。

(44) "生成刀轨"和"确认刀轨"检查无误后单击"确定"按钮,工序创建完成,如图 4-1-90 所示。

(45) 将程序组"B3"中的"ZLEVEL_PROFILE_STEEP_COPY_COPY_1_COPY"复制一份至程序组"B5"并双击将其打开,如图 4-1-91 所示。

项目四　收纳盒模具主要零件数控铣CAM编程

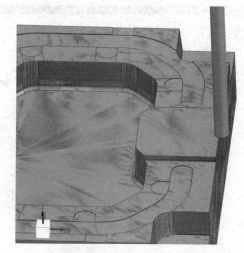

图 4-1-86

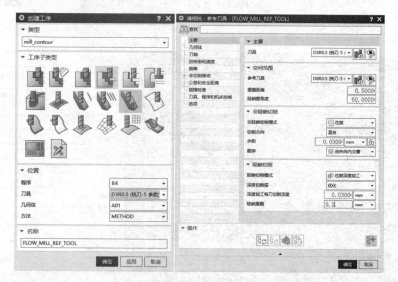

图 4-1-87

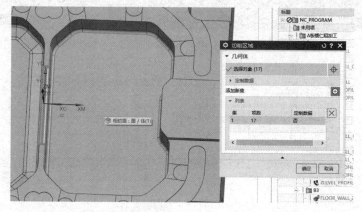

图 4-1-88

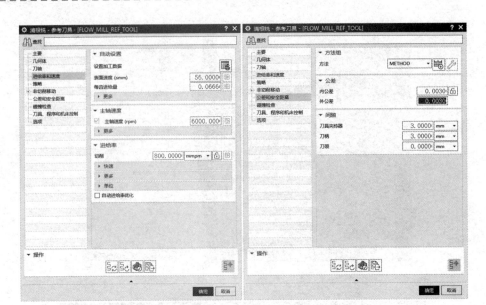

图 4-1-89

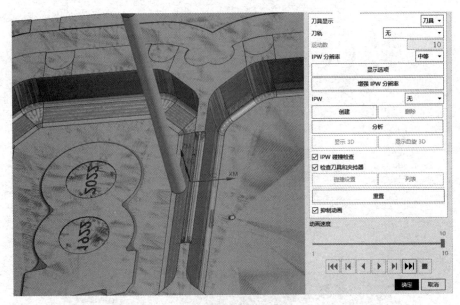

图 4-1-90

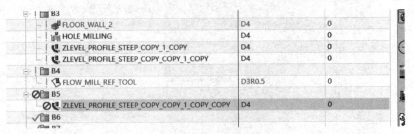

图 4-1-91

(46)设置"主要""几何体"节点参数,如图 4-1-92 所示。

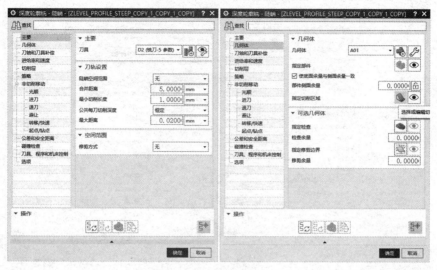

图 4-1-92

(47)选择"切削区域",如图 4-1-93 所示。

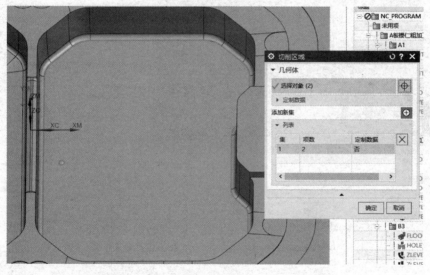

图 4-1-93

(48)设置"切削层"和"策略"节点参数,如图 4-1-94 所示。

(49)"生成刀轨"和"确认刀轨"检查无误后单击"确定"按钮,工序创建完成,如图 4-1-95 所示。

(50)将程序组"B5"中"ZLEVEL_PROFILE_STEEP_COPY_1_COPY_1_COPY"复制一份至程序组"B5"并双击将其打开,如图 4-1-96 所示。

(51)设置"主要""几何体"节点参数,如图 4-1-97 所示。

(52)在"几何体"节点内选择"指定切削区域",如图 4-1-98 所示。

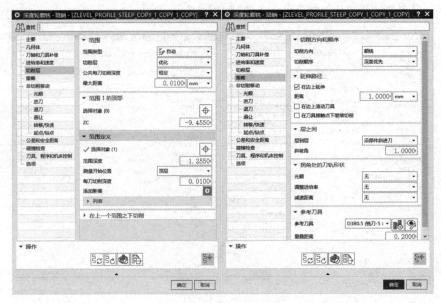

图 4-1-94

图 4-1-95

图 4-1-96

(53) 设置"切削层""策略"节点参数,如图 4-1-99 所示。

(54) "生成刀轨"和"确认刀轨"检查无误后单击"确定"按钮,工序创建完成,如图 4-1-100 所示。

(55) 将程序组"B5"中"ZLEVEL_PROFILE_STEEP_COPY_1_COPY_1_COPY_COPY"复制一份至程序组"B6"并双击将其打开,如图 4-1-101 所示。

(56) 设置"主要"和"策略"节点参数,如图 4-1-102 所示。

项目四 收纳盒模具主要零件数控铣CAM编程

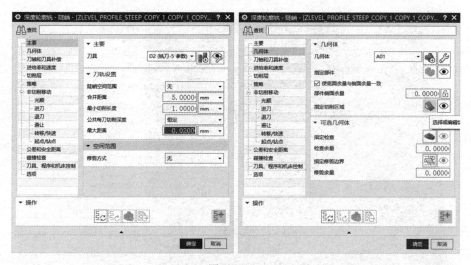

图 4-1-97

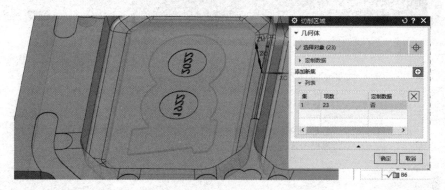

图 4-1-98

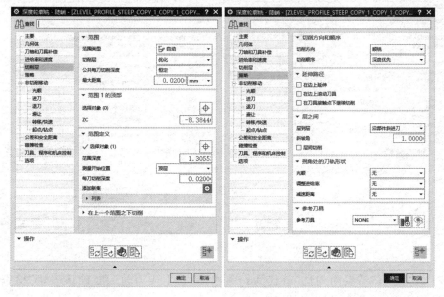

图 4-1-99

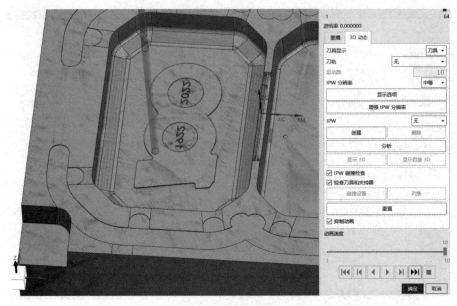

图 4-1-100

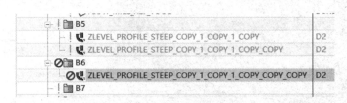

图 4-1-101

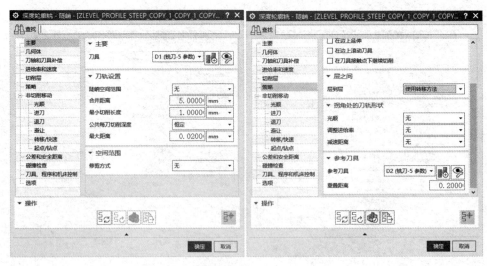

图 4-1-102

(57) 在"光顺"节点内勾选"替代为光顺连接","生成刀轨"和"确认刀轨"检查无误后单击"确定"按钮,工序创建完成,如图 4-1-103 所示。

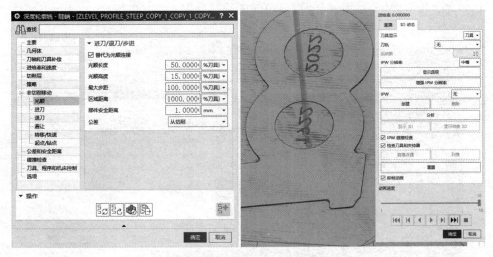

图 4-1-103

（58）将程序组"B4"中的"ZLEVEL_PROFILE_STEEP_COPY_1_COPY_1_COPY_COPY_COPY"复制一份至程序组"B7"并双击将其打开，如图 4-1-104 所示。

图 4-1-104

（59）设置"主要""几何体"节点参数，如图 4-1-105 所示。

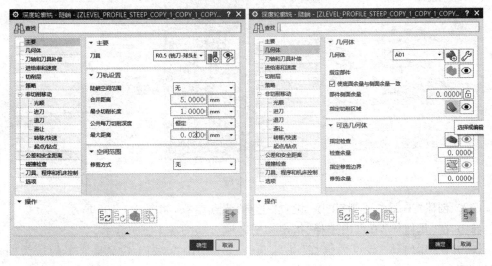

图 4-1-105

(60) 在"几何体"节点内选择"指定切削区域",如图 4-1-106 所示。

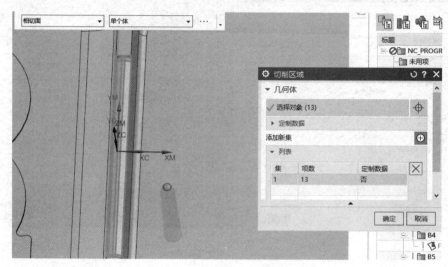

图 4-1-106

(61) 设置"策略"节点参数,"生成刀轨"和"确认刀轨"检查无误后单击"确定"按钮,工序创建完成,如图 4-1-107 所示。

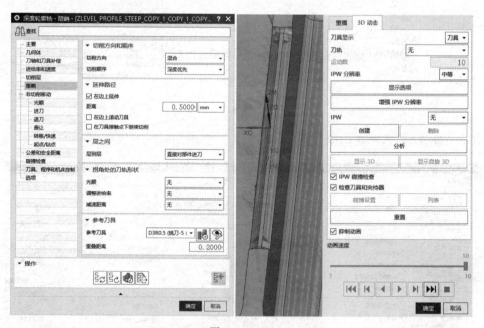

图 4-1-107

(62) 创建"平面去毛刺"工序,设置"主要"节点参数,如图 4-1-108 所示。
(63) 在"几何体"节点内选择"指定切削区域",如图 4-1-109 所示。
(64) 在"几何体"节点内选择"排除边",选择切削区域内不需要加工的边为"排除边",如图 4-1-110 所示。

图 4-1-108

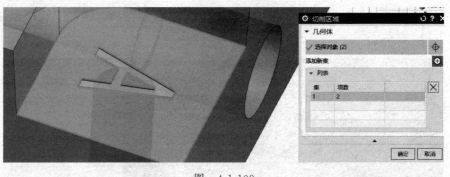

图 4-1-109

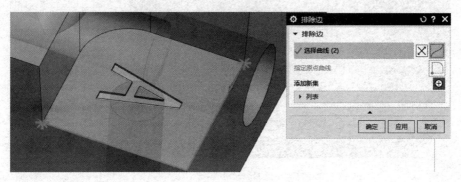

图 4-1-110

（65）设置"进给率和速度""几何体"节点参数，如图 4-1-111 所示。

图　4-1-111

（66）"生成刀轨"和"确认刀轨"检查无误后单击"确定"按钮，精加工程序创建完成，如图 4-1-112 所示。

A、B 板数控铣 CAM 编程

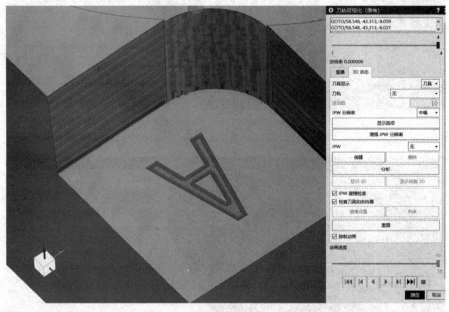

图　4-1-112

检查控制

(1) 检查"摆正工件""简化体""图层设置"等操作是否正确。
(2) 检查加工坐标系和部件几何体设置是否正确。
(3) 检查刀具创建是否正确。
(4) 检查粗加工程序创建是否正确。
(5) 检查精加工程序创建是否正确。

思考练习

(1) 在编写粗加工程序时使用了"修剪边界"和"定制边界数据",它们有什么作用?
(2) 使用深度轮廓铣创建精加工斜面弧面程序需要调整哪些参数?
(3) 在使用的刀具中"D3R0.5""D2""D1""R0.5"为小直径刀具,这类刀具通常为复合刀柄,根据现有刀具和刀柄给它们创建对应刀柄和加持器,并测量最短刀长。
(4) 在精加工程序中创建了"平面去毛刺"工序用来刻字,该工序是在 NX 专门为去毛刺而设计的命令,尝试使用该命令并说出它有哪些"特点"和"限制"。
(5) 在精加工程序中使用"平面去毛刺"工序来刻字,在 NX 软件中有很多工序可以达到该目的,使用 NX 的另一种工序来创建刻字程序。

总结评价

根据本任务学习,完成表 4-1-1。

表 4-1-1 综合评价表

序号	内容		配分	自评	师评	得分
1	专业知识技能掌握	摆正工件	5			
		简化编程部件	5			
		图层设置	5			
		加工坐标系设置	5			
		加工部件几何体设置	5			
		创建粗加工程序	20			
		创建平面精加工程序	10			
		创建斜面弧面精加工程序	15			
		创建刻字程序	5			
2	职业素养	遵守课堂纪律,认真完成工作任务	5			
		发现和分析问题的能力	5			
		工作页填写情况	5			
		沟通和协作能力	5			
		"7S"要求的遵守情况	5			

项目 五 —— Project 5

收纳盒模具成型零件CNC粗加工

项目目标

通过对编程相关知识的理解,完成模具成型零件 CNC 加工。能说出模具成型零件 CNC 加工的加工步骤和加工工艺,会正确使用机床设备和工、量具。能严格遵守机床加工操作的安全规范和要求,对机床进行周期维护和保养。

(1) 能正确识读模具成型零件图,明确模具成型零件的尺寸精度和表面粗糙度要求。
(2) 能根据安全规范操作流程要求,说出开机前检查工作的步骤。
(3) 能结合加工对象说出所选刀具的材质、类型及用途。
(4) 能识读零件图中的形位公差要求,并使用百分表完成成型零件平行度的打表检测工作。
(5) 能结合工艺卡片要求,合理制定对刀工艺,并使用分中棒完成对刀操作。
(6) 能根据成型零件加工要求,严格遵守机床安全操作规程,正确操作机床上各功能按键,规范操作机床完成模具成型零件的加工。
(7) 能根据切削状态调整切削用量,进行正确的切削,加工质量达到零件图要求。
(8) 完成加工后对成型零件进行质量自检判断,检查成型零件是否在本道工艺中合格。
(9) 能对检测结果进行质量分析,并说明超差原因。

项目描述

本项目属于收纳盒模具成型零件 CNC 加工。通过前面学习的项目所掌握的技能有 CNC 编程、材料准备、加工工艺规划等。本项目需要设置机床设备、选择和更换刀具、通过已经编好的程序正确操作机床进行加工、在检验和调试过程中使用测量工具、检测加工误差并进行调整。最终,使用 CNC 数铣设备加工出模具成型零件。零件的粗加工就是机床上通过刀具与工件的相对运动切除毛坯上的余量层,以获得具有一定尺寸、形状和质量要求的表面成型过程。

需要加工的零件如图 5-1~图 5-3 所示。对应的粗加工制造程序单如图 5-4~图 5-6 所示。三个模具成型零件材料均为 P20 钢。要求根据任务实施内容,独立完成三个模具成型零件的粗加工,加工质量达到模仁 CNC 粗加工要求,表面余量为 0.2mm。

由于零件加工方法相似,本项目仅以型腔加工为例。

项目五 收纳盒模具成型零件CNC粗加工

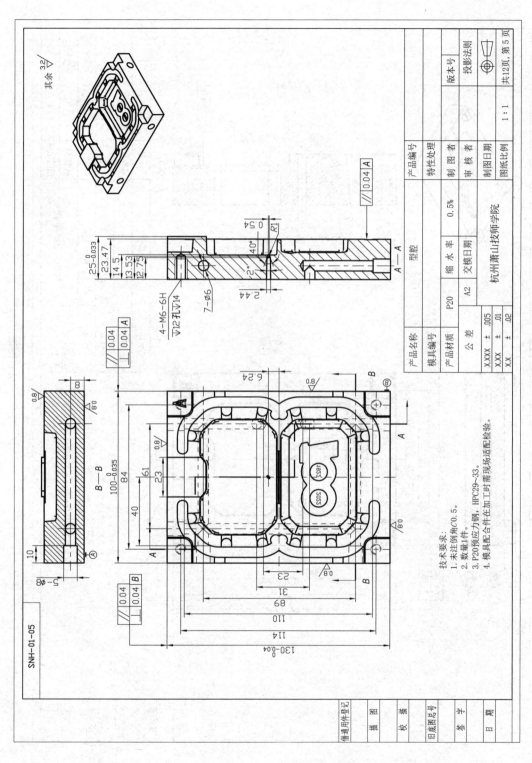

图 5-1 型腔图纸

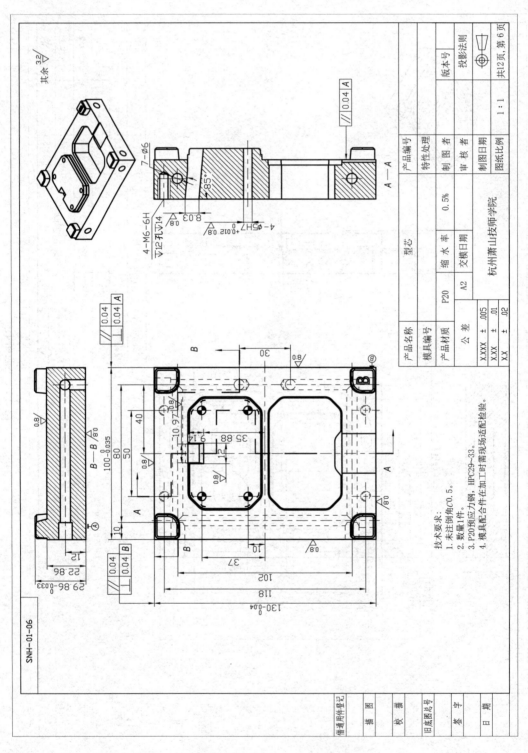

图 5-2 型芯图纸

项目五 收纳盒模具成型零件CNC粗加工

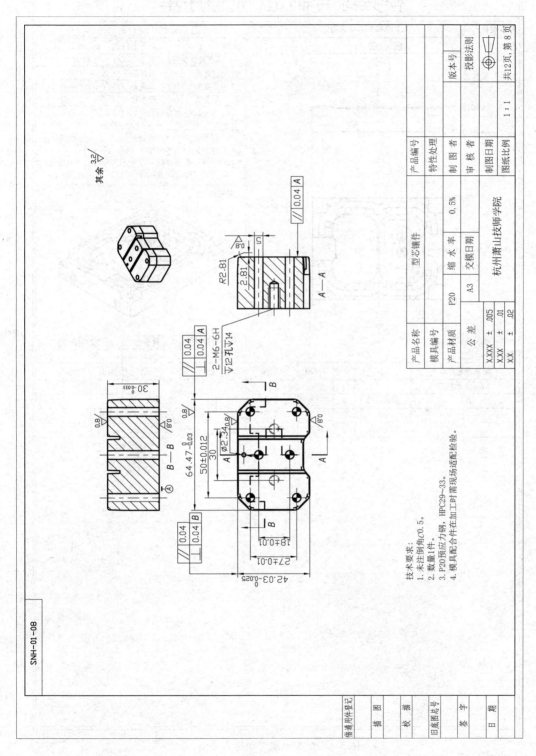

图 5-3 型芯镶件图纸

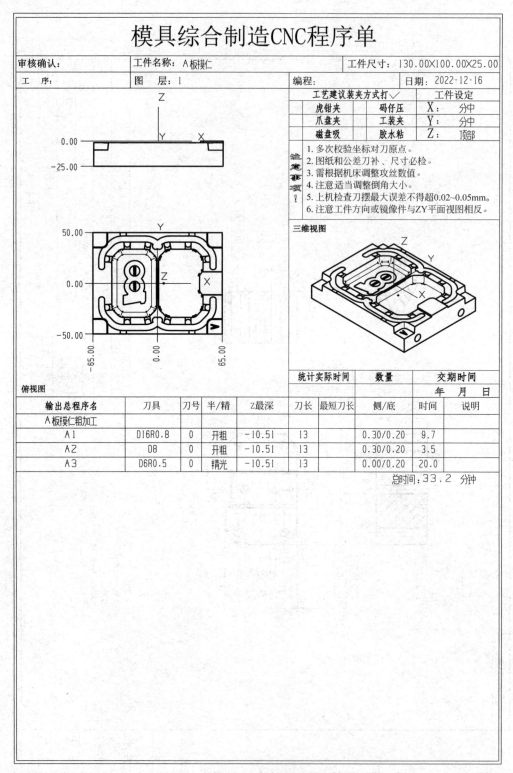

图 5-4 型腔粗加工制造程序单

注：加工前先检测程序，若有疑问，第一时间向编程人员确认。注意装夹稳定性，不能有松动，保证工件旋转度、平行度、垂直度符合要求。注意工件的装夹高度、刀具的装夹长度，以及实际加工深度，避免刀具加工干涉。

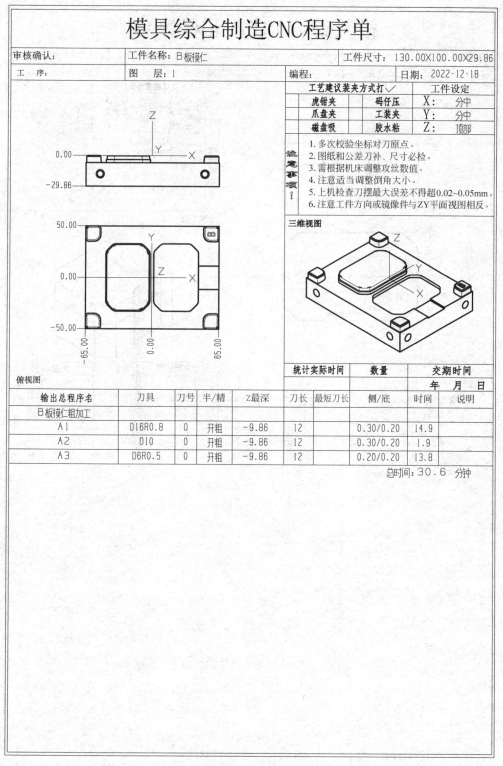

图 5-5 型芯粗加工制造程序单

注：加工前先检测程序，若有疑问，第一时间向编程人员确认。注意装夹稳定性，不能有松动，保证工件旋转度、平行度、垂直度符合要求。注意工件的装夹高度、刀具的装夹长度，以及实际加工深度，避免刀具加工干涉。

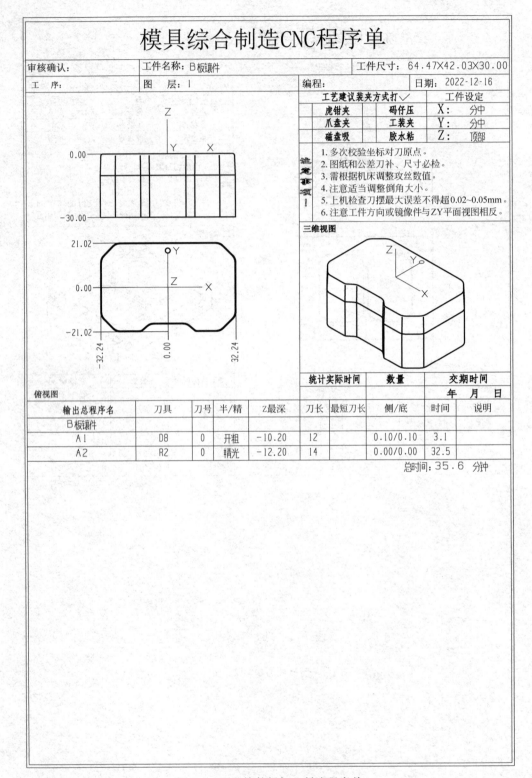

图 5-6 型芯镶件粗加工制造程序单

注：加工前先检测程序，若有疑问，第一时间向编程人员确认。注意装夹稳定性，不能有松动，保证工件旋转度、平行度、垂直度符合要求。注意工件的装夹高度、刀具的装夹长度，以及实际加工深度，避免刀具加工干涉。

项目流程

任务一　加工前的准备	（0.5 课时）
任务二　加工前的工具检查及材料的处理	（0.5 课时）
任务三　工件的装夹	（0.5 课时）
任务四　刀具的安装与对刀	（1 课时）
任务五　启动机床加工	（0.5 课时）
任务六　设备关机与保养	（0.5 课时）
任务七　成型零件的质量检测与评价	（0.5 课时）

型腔数控铣 CNC 加工

任务一　加工前的准备

（一）操作人员安全准备

学习数控 CNC 安全操作规程如下。

（1）穿戴合适的工作服装，正确佩戴安全装备，如耐磨、防护、防滑鞋、眼镜、口罩等。长发应该束起来，不得佩戴首饰或其他杂物。需要注意，操作 CNC 加工设备千万不能戴手套。

（2）在加工前检查 CNC 机床的各个部位是否正常，如润滑系统、传动系统、夹具、刀具、控制系统等，确保没有任何杂物或异常状态。

（3）在加工操作过程中，不要用手或身体接触机器设备或加工件，以免造成伤害。同时注意不要让衣服、围裙、袖口等杂物被夹到机器设备中。

（4）在加工过程中，必须保持清醒、集中注意力，不要进行其他操作。

（5）在加工过程中，严禁离开机器设备，如需离开应先停止机器设备的运转。

（6）禁止未经授权的人员使用 CNC 机床。

（7）在紧急情况下，应立即按下"停止"按钮，以保护机器设备和人身安全。

（二）工具准备

工具准备如表 5-1-1 所示。

表 5-1-1　工具准备表

序号	名称	图例	规格	数量	功能	备注
1	数显游标卡尺		量程(mm): 150mm, 200mm, 300mm；产品重量: 205g, 228g, 281g；总长度: 236mm, 289mm, 391mm；外径测量爪长度: 40m, 48m, 60m；内径测量爪长度: 16mm, 19mm, 21mm；深度尺宽度: 3.5mm, 3.5mm, 3.5mm	1	测量外径、内径、深度和阶梯等尺寸	保持清洁，定期校准

续表

序号	名称	图例	规格	数量	功能	备注
2	数显深度卡尺		量程 0-150 / 0-200 / 0-300，分辨力 0.01，精度 ±0.03/±0.03/±0.04	1	测量深度和凹槽深度	保持清洁，定期校准
3	杠杆百分表		产品名称：杠杆百分表；产品材质：铝壳体；产品种类：指示针系列；分辨率：0.01mm；表面处理：铝合体喷漆 钢壳体镀铬	1	测量工件表面微小高度差，检测平整度、垂直度等几何精度	保持清洁，定期校准
4	磁性表座		规格型号 T6/T8/T10/T12，长度 60/66/79/120mm，宽度 50mm，高度 55mm，孔径 8mm，净重 1.1/1.2/1.5/2.0kg	1	强磁吸附、灵活调整、快速装卸以及适应多种测量场景	避免高温、潮湿或强磁环境，定期检查和保养磁性表座，以确保其性能稳定
5	硬质合金立铣刀 D8		涂层：TiSiN涂层；HRC:55°；螺旋角:35°；刃数:4刃；适用材料:不锈钢 铸铁 工具钢 合金钢 石墨 塑料 复合材料等；适用机器:CNC加工中心、雕刻机、精雕机等高速机	1	铣削加工	根据切削条件选择合适规格
6	硬质合金立铣刀 D16 R0.8		涂层：古铜色涂层；刃数:4刃；切削硬度:HRC58°；螺旋角:35°；适用材料:45#钢、不锈钢、工具钢、模具钢等50度以内材料；适用机器:CNC加工中心、精雕机等高速的数控铣床	1	铣削加工	根据切削条件选择合适规格

续表

序号	名称	图例	规格	数量	功能	备注
7	硬质合金立铣刀 D6 R0.5		涂层：古铜色涂层 刃数：4刃 切削硬度：HRC58° 螺旋角：35° 适用材料：45#钢、铸铁、工具钢、模具钢等58度以内材料 适用机床：CNC加工中心、精雕机等高速数控铣床	1	铣削加工	根据切削条件选择合适规格
8	ER数控刀柄		·产品名称：ER数控刀柄 ·材质：42CrMo ·精度级别：G2.5级 ·型号：BT30/40/50 ·产品硬度：>HRC56° ·转速：10000 RPM ·动平衡转速：30000 RPM	4~5	连接切削刀具和机床，固定刀具	选择与刀具匹配的刀柄
9	高精筒夹		品名：高精筒夹ER系列 硬度：44~48HRC 材质：65Mn 夹持范围：1~20mm 精度：0.008mm 优点：夹紧力大，夹持范围广，规格齐全，精度高 适合于铣/镗/钻/丝攻/CNC/雕刻机/主轴机等加工	3	固定切削刀具，保证刀具稳定性和精度	选择与刀具直径匹配的夹套
10	一体化磁台			1	固定工件，提高加工精度	根据工件尺寸选择合适规格
11	护目镜		通用型	1	防止飞溅物伤害眼睛	佩戴时确保舒适合适

续表

序号	名称	图例	规格	数量	功能	备注
12	工作服		个人尺寸	1	防止身体被切削液、火花等污染或损伤	选择合适的尺寸和材质
13	劳保鞋		个人尺寸	1	防止脚部受到重物砸伤或滑倒	选择合适的尺寸和防护性能

(三)设备开机环境检查

(1) 检查机床前、后、左、右 1m 的范围内有无干涉机床正常操作的杂物,地面与机床是否整洁。若有油污或碎屑需在开机前进行整理清洁,避免工作时滑倒而干扰正常操作,如图 5-1-1 所示。

(2) 检查机床同附属零件之间电源线有无零乱现象,如图 5-1-2 所示。

图 5-1-1 清洁机床环境　　　　　　　图 5-1-2 检查电源线

(3) 数控铣床、加工中心机床要求有配气装置,因此在开机前应该先供气,打开供气阀门。供气时,可以通过机床后面气压表的压力来判断气压是否正常,加工中心机床所需气压一般为 0.4~0.7MPa,如图 5-1-3 所示。

(4) 检测润滑油是否正常,如果油液太少,在使用机床过程中会对机床有一定的伤害,因此需要及时添加润滑油到合适位置(图 5-1-4),再进行下步操作。

项目五　收纳盒模具成型零件CNC粗加工

图 5-1-3　压力表数值

图 5-1-4　导轨润滑油检查

（四）CNC 机床的开机

（1）打开机床后面的机床电源总开关，如图 5-1-5 所示，这时机床通上 380V 高压电，机床后面配电柜开始运转。

（2）通系统电源，按操作面板开机 ON 按钮，机床系统开始启动。需要注意，系统在启动过程中，不允许按机床面板上的任何按键，以防止误操作而删除机床系统内部参数，如图 5-1-6 所示。

图 5-1-5　接通电源

图 5-1-6　机床启动

（3）机床显示屏显示坐标画面时，机床显示急停报警信息，如图 5-1-7 所示，这时轻轻地向右旋合红色"急停"按钮，"急停"按钮弹起。

（4）按操作面板上的 RESET 键，消除机床报警，使系统复位，如图 5-1-8 所示。

图 5-1-7　机床报警

图 5-1-8　机床复位键

（五）机床原点复位操作

（1）打开机床防护门，观察主轴所在位置有无干涉，如图 5-1-9 所示。

（2）将快速进给倍率设置在 50% 以下，如图 5-1-10 所示。

（3）按下回零键，按照顺序先回 Z 轴。待 Z 轴回原点后再回 Y 轴、X 轴，如图 5-1-11 和图 5-1-12 所示。

图 5-1-9　查看主轴干涉

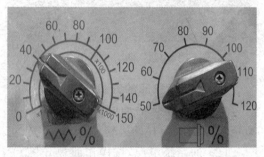

图 5-1-10　倍率调整

图 5-1-11　按下回零键

图 5-1-12　各轴回零

（4）使 X、Y、Z 的机械坐标显示分别为 X0、Y0、Z0，如图 5-1-13 所示，此时已完成开机，可进行其他一系列操作。开机时必须进行回零操作，否则坐标数值是随机的，如图 5-1-13 所示。

（5）检查各轴是否正常回零，完成机器回零操作，如图 5-1-14 所示。

图 5-1-13　机床为回零前

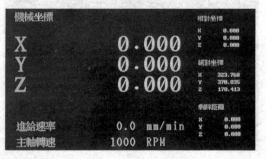

图 5-1-14　机床回零后

相关知识

(一) 数控机床的组成

数控机床是一种现代化的机械加工设备,它将计算机数控技术应用于传统的铣削加工过程,实现了对工件的精确、快速和自动化加工。数控机床的种类很多,但任何一种数控机床都是由机床主体、传动系统、数控系统等基本部分组成,如图5-1-15所示。

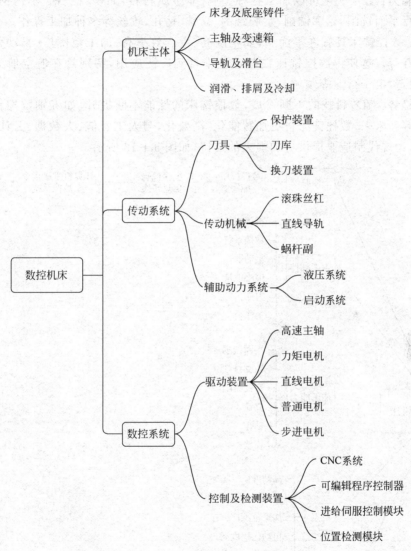

图 5-1-15　数控机床的组成

(二) 认识数控铣床

工作原理:数控铣床通过编写特定的数控程序,将需要加工的图形、尺寸等信息转换为切削工具在工件上的移动路径。计算机将这些信息发送至数控系统,驱动切削工具沿着设定的轨迹进行精确移动和加工。

主要部件：数控铣床通常由机床本体、数控系统、驱动器、伺服电机、刀库、工作台等部分组成。机床本体负责支撑各部件，确保机器的稳定运行；数控系统负责解析和执行数控程序，控制各个轴的运动；驱动器和伺服电机则将数控系统的指令转换为实际的运动；刀库提供了多种切削工具，以满足不同加工需求；工作台则用于固定工件。

加工能力：数控铣床可以加工各种金属、非金属材料，如铁、铝、铜、不锈钢、塑料等。它可以进行平面铣削、轮廓铣削、空腔铣削、立铣、钻孔、攻丝等多种加工操作。

优点：数控铣床具有许多优点，如精度高、生产效率高、加工范围广、自动化程度高、可重复性好等。这使得数控铣床在制造业中得到广泛应用，特别是在航空航天、汽车制造、模具制造、电子行业等领域。

发展趋势：随着科技的不断发展，数控铣床的性能不断提升，如五轴数控铣床、高速加工中心等。未来，数控铣床将更加智能化、高效化，与人工智能、大数据、云计算等技术深度融合，为现代制造业提供更加强大的支持，如图5-1-16所示。

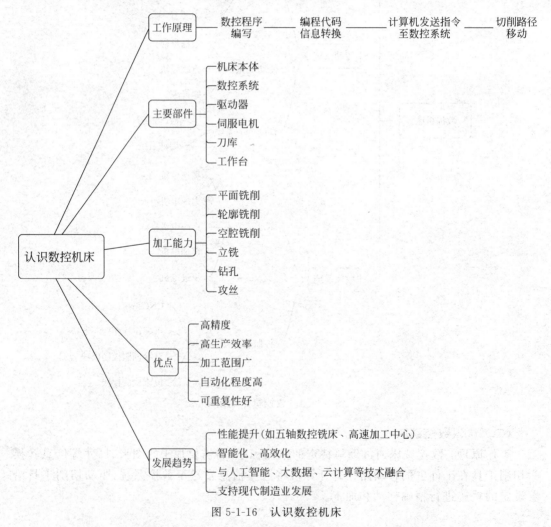

图5-1-16 认识数控机床

(三) 按键功能

按键功能如表 5-1-2 和表 5-1-3 所示。

表 5-1-2　按键功能表（1）

按　键	功　能
↑PAGE / ↓PAGE	按键 PAGE↑ 实现左侧 CRT 中显示内容的向上翻页；按键 PAGE↓ 实现左侧 CRT 显示内容的向下翻页
↑ ← → ↓	移动 CRT 中的光标位置。按键 ↑ 实现光标的向上移动；按键 ↓ 实现光标的向下移动；按键 ← 实现光标的向左移动；按键 → 实现光标的向右移动
字母键	实现字符的输入，例如，单击按键 Y 将在光标所在位置输入"Y"字符，单击按键 SHIFT 后再单击按键 Y 将在光标所在位置处输入"V"
数字键	实现字符的输入，例如，单击按键 2 将在光标所在位置输入"2"字符，单击按键 SHIFT 后再单击按键 2 将在光标所在位置处输入"♯"
POS	在 CRT 中显示各轴坐标系的坐标值
PROG	在 CRT 中进行程序编辑和显示界面
OFS/SET	在 CRT 中进入参数补偿显示界面、工件坐标系建立界面
SYSTEM	系统参数显示界面
MESSAGE	机床报警显示界面
CSTM/GRPH	在自动运行状态下将数控程序显示切换至轨迹模式
SHIFT	输入字符切换键

续表

按　键	功　能
 CAN	删除单个字符
 INPUT	将数据域中的数据输入到指定的区域
 ALTER	字符替换键
 INSERT	将输入域中的内容输入到指定区域
 DELETE	删除一段字符
 HELP	查阅报警详述、操作方法、参数表
 RESET	机床复位

表 5-1-3　按键功能表(2)

序号	按键、旋钮符号	按键、旋钮名称	功　能　说　明
1	 POWER	系统电源开关	按下上边的绿色键,机床系统电源开;按下下边的红色键,机床系统电源关
2	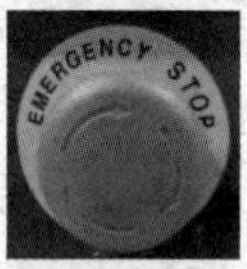 EMERGENCY STOP	急停按键	紧急情况下按下此按键,机床停止一切的运动
3	 (循环启动图标)	循环启动键	在 MDI 或者 MEM 模式下,按下此键,机床自动执行当前程序
4	 (循环停止图标)	循环停止键	在 MDI 或者 MEM 模式下,按下此键,机床暂停程序自动运行,如要继续运行,则需再一次按下循环启动键

续表

序号	按键、旋钮符号	按键、旋钮名称	功能说明
5		进给倍率旋钮	以给定的 F 指令进给时，可在 0～150% 的范围内修改进给率。JOG 方式时，也可用其改变 JOG 速率
6		机床的工作模式	(1) REMOTE：DNC 工作方式； (2) EDIT：编辑方式； (3) MEMORY：自动方式； (4) MDI：手动数据输入方式； (5) HANDLE：手轮进给方式； (6) JOG：手动进给方式； (7) ZRN：手动返回机床参考零点方式
7		快速倍率旋钮	用于调整手动或者自动模式下快速进给速度；在 JOG 模式下，调整快速进给及返回参考点时的进给速度。在 MEM 模式下，调整 G00、G28/G30 指令进给速度
8		主轴倍率旋钮	在手动操作主轴时，转动此旋钮可以调整主轴的转速
9		轴进给方向键	在 JOG 或者 RAPID 模式下，按下某一运动轴按键，被选择的轴会以进给倍率的速度移动，松开按键则轴停止移动
10		手摇脉冲发生器	在 HANDLE 模式下，顺、逆旋转手轮可执行对应轴的正、负运用或上、下等运动
11		手轮轴选择	在 HANDLE 模式下，选择相应轴

续表

序号	按键、旋钮符号	按键、旋钮名称	功能说明
12	×1 ×10 ×100	手轮轴倍率	倍率按钮(×1、×10、×100分别表示一个脉冲移动0.001mm、0.010mm、0.100mm)
13	DOWN	主轴降速按钮	按下此键,主轴在设定转速上成比例降转速
14	100%	主轴定速按钮	按下此键,主轴以设定转速旋转
15	UP	主轴升速按钮	按下此键,主轴在设定转速上成比例提速
16		主轴顺时针转按键	按下此键,主轴顺时针旋转
17	O	主轴停止按键	按下此键,主轴停止旋转
18		主轴逆时针转按键	按下此键,主轴逆时针旋转
19	MLK	机床锁定开关键	在"MEM"模式下,此键置于"ON"时(指示灯亮),系统连续执行程序,但机床所有的轴被锁定,无法移动
20	BDT	程序跳段开关键	在"MEM"模式下,此键置于"ON"时(指示灯亮),程序中"/"的程序段被跳过执行;此键置于"OFF"时(指示灯灭),完成执行程序中的所有程序段
21	ZMLK Z	Z轴锁定开关键	在"MEM"模式下,此键置于"ON"时(指示灯亮),机床Z轴被锁定
22	M01	选择停止开关键	在"MEM"模式下,此键置于"ON"时(指示灯亮),程序中的M01有效,此键置于"OFF"时(指示灯灭),程序中M01无效

续表

序号	按键、旋钮符号	按键、旋钮名称	功能说明
23	DRN	空运行开关键	在"MEM"模式下,此键置于"ON"时(指示灯亮),程序以快速方式运行;此键置于"OFF"时(指示灯灭),程序以 F 所指定的进给速度运行
24	SBK	单段执行开关键	在"MEM"模式下,此键置于"ON"时(指示灯亮),每按一次循环启动键,机床执行一段程序后暂停;此键置于"OFF"时(指示灯灭),每按一次循环启动键,机床连续执行程序段
25	COOLANT	主轴冷却液开关键	按此键可以控制冷却液的打开或者关闭
26	FLUSH	清洗冷却液开关键	按此键可以控制机床底部清洗冷却液的打开或者关闭
27	EM	超行程解除键	按此键可以解除机床各轴超行程报警
28	MAGAZINE ROTATE	刀库旋转键	按下此键,刀具旋转
29	LIGHT	机床照明开关键	此键置于"ON"时,打开机床的照明灯;此键置于"OFF"时,关闭机床照明灯
30	ALARM	机床报警键	该键亮起,说明机床存在问题报警

（四）"8S"管理方法

整顿：将工作场所中的物品进行分类，只保留必要的物品，无用的物品予以清理，使工作环境更加整洁有序。

整理：对保留下来的必要物品进行有序的摆放和标识，确保每个物品都有固定的存放位置，方便查找和使用。

清扫：定期清理工作场所，保持工作环境的清洁和卫生，提高工作效率和员工的工作积极性。

清洁：制定相应的清洁标准和规程，确保工作场所的清洁和卫生得以长期维持。

身心：通过培训和教育，培养员工养成良好的工作习惯和自律精神，使"8S"管理成为企业文化的一部分。

安全：强调对企业安全生产的重视，制定安全规章制度，开展安全培训和教育，确保员工的人身安全和企业的生产安全。

节约：提倡节约意识，降低成本，减少浪费，提高企业的整体运营效率和经济效益。

融合：鼓励团队合作，实现人力和资源的优化配置，提高企业的整体竞争力。

任务二　加工前的工具检查及材料的处理

（一）检查工具

（1）需要仔细检查数控铣刀具的磨损情况、直径和长度等参数是否符合要求，确保数控铣刀具可以正常工作。检查数控铣刀具硬度是否达到加工型腔的要求，确保数控铣刀具可以正常工作，如图5-2-1所示。

（2）检查夹套是否损坏、变形或松动，如有问题及时更换或修复，如图5-2-2所示。

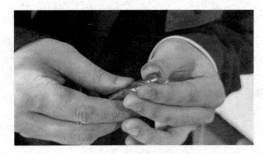 

图5-2-1　检查刀具　　　　　　　　　图5-2-2　检查夹套

（3）检查工、量具，包括数显游标卡尺、数显深度卡尺等，确保其精度符合要求，可靠可用，如图5-2-3所示。

（二）材料的检查与处理

（1）使用数显游标卡尺检查材料尺寸是否合格，如图5-2-4所示。

 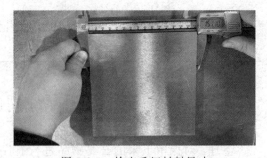

图5-2-3　检查游标卡尺　　　　　　　图5-2-4　检查毛坯材料尺寸

（2）检查材料是否锐角倒钝，如无，则使用锉刀对材料进行锐角倒钝同时去除毛刺。注意没有经过锐角倒钝的材料边缘比较锋利，手拿时需要注意安全操作。

（3）使用细油石推拉工件表面做简单的毛刺去除，然后使用干净的毛巾去除表面油污，保证工件没有多余的油污及毛刺，如图5-2-5所示。

图 5-2-5　材料处理

任务三　工件的装夹

（一）磁台安装

（1）在安装磁台之前，首先确保机床工作台表面干净，无铁屑、油污等杂物，如图5-3-1所示。

（2）在安装前，检查磁台底面是否平整，确认磁力开关是否正常工作，并用油石稍微打磨磁台底面，如图5-3-2所示。

图 5-3-1　清洁工作台

图 5-3-2　打磨磁台底面

（3）将磁台放置在机床工作台上，确保平台与工作台之间的接触充分且平整。对于较重的磁台，可以使用起重设备或多人协助将其放置到位。调整磁台的位置，使其与工作台边缘平行，如图5-3-3所示。

（4）使用螺栓和螺母将磁台固定在机床工作台上，注意不要过紧，以免损坏磁台，如图5-3-4所示。

（5）取出百分表与表座磁吸在主轴上，检测磁台上表面是否水平，如图5-3-5和图5-3-6所示。

（6）在安装完成后，通过开启磁力开关来测试磁台的磁力。可以使用一个磁性较强的小工件进行测试，确保磁力足够且均匀分布在吸盘表面，如图5-3-7所示。

图 5-3-3　磁台位置调整

图 5-3-4　固定磁台

图 5-3-5　安装百分表

图 5-3-6　检查磁台上表面水平

(二) 工件装夹及校正

(1) 将工件和磁台清洁干净,去除表面污垢和油脂等杂质,以确保工件能够紧密贴合磁台表面,如图 5-3-8 所示。

图 5-3-7　检查磁台磁性

图 5-3-8　毛坯清洁

(2) 将工件放置在磁台上,调整位置和方向,使其符合加工要求,并来回移动,使其紧贴磁台,如图 5-3-9 所示。

(3) 将百分表和主轴清洁干净,去除表面污垢和油脂等杂质,以确保百分表能够紧密磁吸在主轴表面。

(4) 将百分表底座长方向平行主轴安装,打开磁性开关。安装后轻轻摇晃确认磁吸牢靠。

(5) 用手轮操作机床,向下移动机床主轴,将百分表置于工件上方 10mm 左右位置。

图 5-3-9　安装工件　　　　　　　　图 5-3-10　百分表位置调整

如图 5-3-10 所示。

（6）缓慢移动 Z 轴向下 15mm 左右位置。

（7）打平工件 X 轴方向，移动 Y 轴预压缩百分表 3～5 圈。

（8）左右移动 X 轴，保证百分表在工件表面内移动，观察表针转动方向，判断平口钳往哪个方向位移较多，使用铜棒控制指针移动在 0.01mm 范围内，这时工件 X 方向打正。

（9）用同样的方法打正工件 Y 轴方向，检查工件上表面的平行度。

（10）如无问题，打开工作台磁吸开关吸附工件，如图 5-3-11 所示。

图 5-3-11　磁吸锁紧工件

（11）使用百分表检查磁吸锁紧的工件位置是否摆正，打表是否正确。如有问题松开磁吸开关重复上面打表操作，如无问题则操作主轴正确退出百分表，然后将其取下，维护、保养并收起。

注意事项：

使用百分表时一定要轻拿轻放，为了防止损坏百分表，不可以直接用表的触头撞击测量表面。要先将百分表固定在磁性表座上，然后旋转手轮，使表的触头慢慢接触到被测表面。

相关知识

（一）安装平口钳

（1）一般情况下，平口钳安装在工作台上的位置，应处在工作台长度方向中间、宽度方向的中间，以方便操作。钳口方向应根据工件长度确定，在立式铣床上，对于长的工件，钳口应与工作台纵向进给方向平行（图 5-3-12）；对于短的工件，钳口应与工作台纵向进给方向垂直（图 5-3-13）。

图 5-3-12 平口钳纵向平行放置

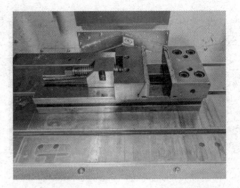
图 5-3-13 平口钳纵向垂直放置

(2) 平口钳的安装非常方便,先擦净钳体底座表面和铣床工作台表面。在工作台最前方 T 形槽中放一块垫铁(图 5-3-14),将平口钳靠住垫铁(图 5-3-15)即可对平口钳进行初步的定位。

图 5-3-14 放置垫铁

图 5-3-15 平口钳初步定位

(3) 在平口钳左右两边各放两个模具压板,模具压板下 T 形槽中放 4 个 T 形块(图 5-3-16),上螺栓将压板和 T 形块连接预紧即可(图 5-3-17)。

图 5-3-16 放置 T 形块

图 5-3-17 预紧螺栓

(二)用百分表校正平口钳

(1) 当工件的加工精度较高时,需要钳口平面与铣床主轴轴线有较高的垂直度或平行度,应对固定钳口面进行校正。校正平口钳时,应先松开平口钳模具压板上的锁紧螺母,校正后再旋紧紧固螺母。

(2) 用百分表对固定钳口面进行校正。校正时,将磁性表座吸在主轴端面上(图 5-3-18)。安装百分表,使表杆与固定钳口铁平面大致垂直(图 5-3-19)。将测量触头触到钳口铁平面上,将测量杆压缩量调整到 0.3mm～0.5mm。

图 5-3-18 放置磁吸表座

图 5-3-19 预紧百分表

(3) 校正固定钳口与 X 轴平行,横向移动工作台,观察百分表读数,在固定钳口全长范围内使百分表的表针摆动范围在 0.005mm 以内,则固定钳口与工作台进给方向平行,然后交替地将两边的螺母拧紧,这样才能在加工时获得较好的位置精度(图 5-3-20)。

图 5-3-20 平口钳打正

任务四 刀具的安装与对刀

(一) 刀具安装

(1) 根据刀柄的型号和大小选择合适的夹套,如图 5-4-1 所示。

(2) 将分中棒或刀具装入弹簧夹套中,注意安装的夹持长度,确保刀杆与夹具的接口处紧密贴合,如图 5-4-2 所示。

图 5-4-1 选择夹套

图 5-4-2 安装刀具

(3) 手动将螺帽旋转入刀柄主体中;将带刀具的刀柄放置在锁刀座中;使用扳手旋紧螺帽,如图 5-4-3 所示。

图 5-4-3 锁紧刀具

(4) 使用卡尺等工具检查刀杆装夹的长度和直径,以确保刀具可以正确加工。

(5) 安装完成,检查数控铣刀具是否夹紧,检查对应程序所使用刀具规格是否正确,刀具伸出长度是否合理,有无撞刀柄风险。检查无误后整理好工、量具,并将其摆放整齐。

注意事项:

(1) 在满足加工要求的情况下尽量减小刃具悬长。

(2) 不要空锁螺母(不插入刃具而锁紧螺母)。

(3) 锁紧或松开时应用专用的、尺寸对应的扳手。尤其在锁紧时,锁到螺母上端面与法兰面下部或刀柄本体下端面接触即可。

(4) 不要使用柄部有伤痕的刃具。

(5) 使用刃具的柄径一定要在夹套的夹持范围内。

(6) 装刀时,不要夹持到刃具的刃部,不要用手接触刀刃。

(二)数控铣对刀

(1) 将装有分中棒的刀具安装到主轴上,快速移动工作台和主轴,让寻边器测头靠近工件的左侧,如图 5-4-4 所示。

(2) 用手指轻压测定子的侧边,使其偏心约 0.5mm。

(3) 在机床 MDI 模式下输入 M03S500 使其以 400~600r/min 的速度转动,如图 5-4-5 所示。

(4) 使分中棒慢慢接触到工件左侧,一点一点地触碰移动,直到目测寻边器的下部侧头与上固定端面重合,如图 5-4-6 所示。

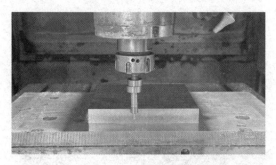
图 5-4-4　工件分中(1)

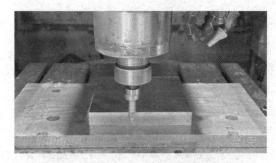
图 5-4-5　工件分中(2)

(5) 目测定子不会振动,宛如静止的状态接触,如果此时加以外力,测定子就会偏移出位,此处滑动的起点就是所要求的基准位置,如图 5-4-7 所示。将机床坐标设置为相对坐标值显示,操作面板使当前相对位置 X 坐标值为 0,如图 5-4-8 所示。过程中不能移动 Y 轴。

图 5-4-6　工件分中(3)

图 5-4-7　工件分中(4)

(6) 抬起寻边器至工件上表面之上,快速移动工作台和主轴,让测头靠近工件右侧,如图 5-4-9 所示。

图 5-4-8　坐标设置

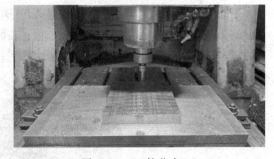
图 5-4-9　工件分中(5)

(7) 同样的方法测出右边数据并记录数值,除以 2。抬起寻边器至工件上表面上,将 X 轴移动到算出的距离,如图 5-4-10 所示。在 G54 中按照加工程序中给的坐标,对刀数据一定要存入与程序对应的存储地址,防止因调用错误而产生严重后果,如图 5-4-11 所示。

图 5-4-10 工件分中(6)

图 5-4-11 坐标输入

(8) 在 G54 X 轴对刀数据位置输入 X0.0,单击"测量"按键,完成 X 轴的对刀操作。

(9) 用同样的方法测量 Y 方向。

(10) 在主轴停止的情况下卸下寻边器,将加工所用刀具装上主轴,如图 5-4-12 所示。

(11) 准备一支直径为 10mm 的刀具用以辅助对刀操作,如图 5-4-13 所示。

图 5-4-12 安装刀具

图 5-4-13 准备辅助刀具

(12) 快速移动主轴,让刀具端面靠近工件上表面低于 10mm,即小于辅助刀柄直径。

(13) 改用手轮微调操作,使用辅助刀柄在工件上表面与刀具之间平推,用手轮微调 Z 轴,直到辅助刀柄刚好可以通过工件上表面与刀具之间的空隙。移动 Z 轴时不能进行平推操作,需要确保主轴移动完毕再进行平推操作。此时的刀具断面到工件上表面的距离为一把辅助刀具的距离 10mm,如图 5-4-14 所示。

图 5-4-14 Z 轴对刀

(14) 将位置记录在 G54 坐标位置,在 Z 轴位置输入 Z10.0,单击"测量"按键。这里按照对刀时所使用的辅助刀杆的直径。

注意事项:

(1) 对刀时需小心谨慎作,尤其要注意移动方向,避免发生碰撞危险。

(2) 对 Z 轴时,微量调节时一定要使 Z 轴向上移动,避免向下移动时使刀具、辅助刀柄和工件相碰撞,造成损坏刀具,甚至出现危险。

(3) 对刀数据一定要存入与程序对应的存储地址,防止因调用错误而产生严重后果。

相关知识

常用刀柄刀具的认识如下。

铣刀是一种多刃回转刀具,刀齿分布在圆柱旋转表面或端面上,大多数铣刀已经标准化。铣刀的每一个刀齿都可以看成一把简单的车刀或刨刀。为适应各种铣削工作的要求,铣刀也有许多不同的材料、结构和形状。常用刀柄刀具认识如表 5-4-1 所示。

表 5-4-1 常用刀柄刀具认识表

序号	名称	图片	功能以及特点
1	弹簧夹头刀柄 BT/JT-ER		主要用于钻头、铣刀、丝锥等直柄刀具及工具的装夹。卡簧弹性变形量 1mm 夹持范围:$\phi 0.5 \sim \phi 32$mm
2	钻夹头刀柄 BJ/JT-APU		主要用于夹紧直柄钻头,也可用于直柄铣刀、铰刀、丝锥的装夹。夹持范围广,单款可夹持多种不同柄径的钻头,但由于夹紧力较小,夹紧精度低,所以常用于直径在 $\phi 16$mm 以下的普通钻头夹紧。夹紧时要用专用扳手夹紧,加工时如受力过大,很容易造成三爪断裂

续表

序号	名称	图片	功能以及特点
3	平面铣刀柄 FMA/FMB		主要用于套式平面铣刀盘的装夹,采用中间心轴和两边定位键定位,端面内六角螺丝锁紧。平面铣刀柄分为公制和英制,选取时应了解铣刀盘内孔孔径。在加工条件允许的情况下,为提高刚性应尽量选取短一点
4	面铣刀		又称盘铣刀,用于立式铣床、端面铣床或龙门铣床上加工平面,端面和圆周上均有刀齿,也有粗齿和细齿之分。其结构有整体式、镶齿式和可转位式3种
5	立铣刀		用于加工沟槽和台阶面等,刀齿在圆周和端面上,工作时不能沿轴向进给。当立铣刀上有通过中心的端齿时,可轴向进给
6	钻头		麻花钻是应用最广的孔加工刀具。通常直径范围为0.25~80mm。它主要由工作部分和柄部构成。工作部分有两条螺旋形的沟槽,形似麻花,因而得名
7	铰刀		铰刀是具有一个或多个刀齿,用以切除已加工孔表面薄层金属的旋转刀具。铰刀具有直刃或螺旋刃的旋转精加工刀具,用于扩孔或修孔。铰刀因切削量少,其加工精度要求通常高于钻头。可以手动操作或安装在钻床上工作

任务五 启动机床加工

(1) 在传输程序之前,检查程序的正确性,包括语法错误、刀具路径、切削参数等。可以使用模拟软件模拟加工过程,确保程序正确无误,并填写表 5-5-1。

表 5-5-1 加工工序卡

工位编号：　　　　　　加工人员：　　　　　　审核确认人：

序号	程序名	加工方式（轨迹名称、粗、半精、精）	刀具参数		主要加工参数			走刀方式
			刀具直径	刀角半径	行距或间距	加工余量	Z 向加工余量	

(2) 将编写好的程序以正确的文件格式(通常为 .NC)保存在计算机或专用编程设备上。

(3) 根据数控铣床的接口类型和配置,选择合适的程序传输方式。常见的传输方式包括卡传、USB 接口、以太网接口、无线局域网等。

(4) 确保数控铣床已连接到数据传输设备,如计算机或专用编程设备。

(5) 在计算机或专用编程设备上选择要传输的程序文件,使用相应的数据传输软件将程序发送至数控铣床。

(6) 在数控铣床上,检查接收到的程序是否完整且无误。如有错误,需重新发送,如图 5-5-1 所示。

(7) 将接收到的程序存储到数控铣床的内存中,并分配一个唯一的程序编号以供后续调用,如图 5-5-2 所示。

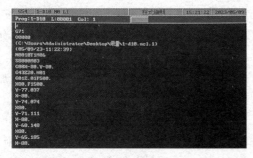

图 5-5-1 程序检查

图 5-5-2 程序号设置

(8)在数控铣床上,通过输入相应的程序编号,调用刚刚传输并存储的程序,准备进行加工,如图 5-5-3 所示。

(9)在实际加工前,再次确认刀具、夹具、原材料等加工条件是否符合程序要求,如有问题,需进行调整。

(10)关闭防护门。在机床上调出加工程序,快速进给倍率应设置在 30% 以下,如图 5-5-4 所示。

图 5-5-3 调用程序

图 5-5-4 调整倍率

(11)按"自动"按钮,再按"手轮单段"按钮,此时两指示灯亮,然后按"循环启动"按钮,此时可以旋转手轮,控制程序进行步进加工,按键操作如图 5-5-5～图 5-5-7 所示。

图 5-5-5 开启手轮单段

图 5-5-6 循环启动

图 5-5-7 旋转手轮

(12)观察机床运行轨迹是否与程序相符;根据机床运行情况检查加工坐标系原点数据是否正确。

(13)开始正确加工后,开启冷却液系统,加工材料为钢材,选择切削液冷却方式,如图 5-5-8 所示。

(14)通过观察检查确认没有其他影响加工的问题(图 5-5-9)。

(15)取消单段,按"循环启动"开始加工。

(16)加工过程中人不能离开机床,应关注加工进程,同时靠声音判断刀具是否磨损,用倍率开关进行调整。检查参数是否正确,保持加工声音低沉是较正常的加工。

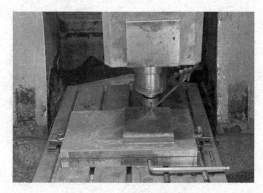

图 5-5-8　开启冷却液系统

图 5-5-9　检查程序仿真

（17）加工完成后先不着急拆卸工件，先检查工件是否有遗漏加工位置或加工错误的地方（图 5-5-10）。如无则松开磁吸，取下工件。

图 5-5-10　检查工件加工情况

（18）完成加工，清理机床、刀具、平口钳、工件。

注意事项：

机床启动加工时，边上不能离人，时刻注意主轴动向，保证正常加工。将进给倍率设置为 100%，同时靠声音分辨是否正常加工，及时调整加工进给及转速倍率，如发现问题迅速按下"急停"按钮。

任务六　设备关机与保养

设备关机步骤如下。

（1）清洁机床，取下机床上的刀具和刀库里的刀具。

（2）先采用手动方式将 XYZ 各坐标轴分别远离机床零点，主轴下降到安全位置，工作台移到中间位置，使工作台重心平衡。

（3）将进给按钮向左旋合到 0 的位置处。

（4）轻轻按下红色"急停"按钮，机床处于急停报警状态，如图 5-6-1 所示。

（5）关闭系统电源，按下操作面板 PowerOFF 按钮，系统电源关闭，如图 5-6-2 所示。

（6）关掉电源总开关，如图 5-6-3 所示。

（7）最后关高压气阀门，使高压气处于关闭状态。

图 5-6-1　按下"急停"按钮

图 5-6-2　关闭系统电源

图 5-6-3　关闭电源总开关

相关知识

机床的维护保养要注意以下几点。

(1) 定期清理 CNC 设备的表面、传动部件、润滑系统等，确保设备的清洁度和润滑状况。

(2) 定期检查 CNC 设备的运转情况，如各个轴线的运转状态、控制系统的运行情况、电气系统的正常性等，以及是否存在异常噪声、振动等现象。

(3) 定期更换 CNC 设备的润滑油和润滑脂，根据设备使用情况和厂家建议的更换周期进行更换。

(4) 定期更换 CNC 设备的滤芯和过滤器，确保液压系统、油路系统和空气系统等正常运转。

(5) 定期检查 CNC 设备的电气系统和电源线路的接线情况，确保设备的电气安全。

(6) 定期检查 CNC 设备的控制系统软件和硬件的运行状态，确保系统的稳定性和安全性。

(7) 定期进行 CNC 设备的校准和调试，确保设备的加工精度和稳定性。

(8) 对 CNC 设备的使用人员进行培训和指导，提高其使用技能和安全意识。

注意事项：

(1) 维护周期一般为 1~2 个月一次。

(2) 不同机床的使用寿命不同，因此需要根据机床的使用寿命进行相应的维护保养措施，以保证机床的正常运行，延长其使用寿命。

(3) 在进行机床维护保养时，应确保机床处于停止状态，并且采取必要的安全措施，如切断电源、拔掉插头等，以保证操作人员的安全。

任务七 成型零件的质量检测与评价

完成加工后填写质量检测表,检测项目如表 5-7-1 所示。

表 5-7-1 零件质量检测表

序号	项目	考核内容	配分	评分标准	得分
1	特征位置是否完整	虎口	2	出现错误不得分	
		排气	4	出现错误不得分	
		拔模斜度	4	出现错误不得分	
		型腔	10	出现错误不得分	
2	机床操作	开机及系统复位	5	出现错误不得分	
		装夹工件	5	出现错误不得分	
		对刀及加工	5	出现错误不得分	
3	职业素养	执行安全操作规程	20	要求学生在操作过程中严格遵守安全规程,养成良好的安全意识。此外,注重培养学生的职业道德和社会责任感,使学生在工作环境中表现出良好的职业道德和积极的工作态度。违反规程不得分。按实训规定每违反一项从总分中扣 3 分,发生重大事故取消考试。扣分不超过 10 分。超过 10 分,取消考试成绩	
		机床清洁与维护	25	学生需要学会维护工作场地的整洁,定期进行机床清洁和维护工作。在此过程中,关注培养学生的团队精神、合作意识以及遵守纪律、尊重他人的思政素质,从而在提高自身技能的同时,树立正确的价值观、人生观和世界观。出现错误酌情扣分	
4	加工时间	超过定额时间 5min 扣 1 分;超过 10min 扣 5 分,以后每超过 5min 加扣 5 分,超过 30min 则停止考试			

思考练习

(1) 如果在加工过程中出现工件毛刺或烧焦现象,分析出现的原因。

(2) 如果加工过程中断刀,该如何解决?

(3) 如何维护和保养数控铣床,以延长其使用寿命并保持良好的加工效果?

收纳盒模具零件线切割加工

项目目标

通过本项目的学习,能说出线切割加工的基本原理和工艺,正确操作和使用线切割机床设备和相关工具,独立完成模具零件线切割加工,严格遵守线切割加工操作的安全规范和要求。

(1) 能够深入理解线切割加工的基本原理,说出其应用领域和适用范围。

(2) 能正确操作线切割加工设备,能说出线切割机床的结构、功能及各部件的作用。

(3) 能根据具体加工需求,选择合适的线切割参数和工艺,确保加工精度和表面质量满足设计要求。

(4) 具备发现和解决线切割过程中问题的能力,以提高加工效率和质量。

(5) 能独立进行工件的准备、装夹和定位操作,保证工件在加工过程中的稳定性和精度。

(6) 能严格遵守线切割加工过程中的安全操作规程,确保安全生产。

(7) 能进行线切割设备的日常维护和保养操作,保证设备的正常运行和使用寿命。

(8) 具备自我评估和反思能力,不断提高自身技能和专业素养,为未来学习和工作奠定基础。

项目描述

模具线切割是一种高精度加工技术,适用于制作各种精密零件和模具零件。在本项目中,将利用之前所学习的技能,以及 CNC 粗加工后的零件,通过分析图纸确认需要线切割的部位,完成线切割加工。

本项目以收纳盒制造中的五个需要线切割加工的成型零件为核心任务,学习和运用线切割技能,独立完成收纳盒模具成型零件的线切割加工。具体内容包括线切割设备的开机操作、准备工作、机床上丝与钼丝校正、工件的装夹与校正、正确的加工方法和周期维护等。

需要加工的零件如图 6-1～图 6-4 所示。五个线切割成型零件材料均为 P20 钢,但零件厚度各异。因此,加工参数需根据零件厚度和材料进行选择。在项目实施过程中,根据图纸具体分析需要线切割加工的部位,独立完成五个模具零件的线切割。

项目六 收纳盒模具零件线切割加工 201

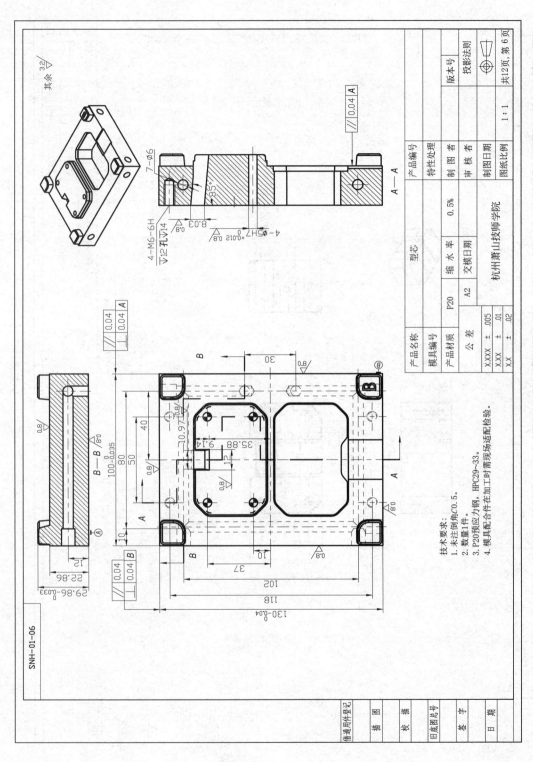

图 6-1 型芯图纸

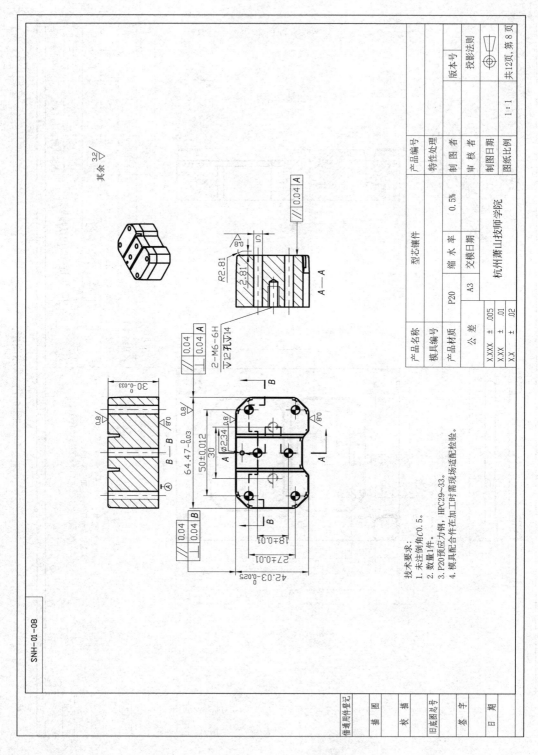

图 6-2 型芯镶件图纸

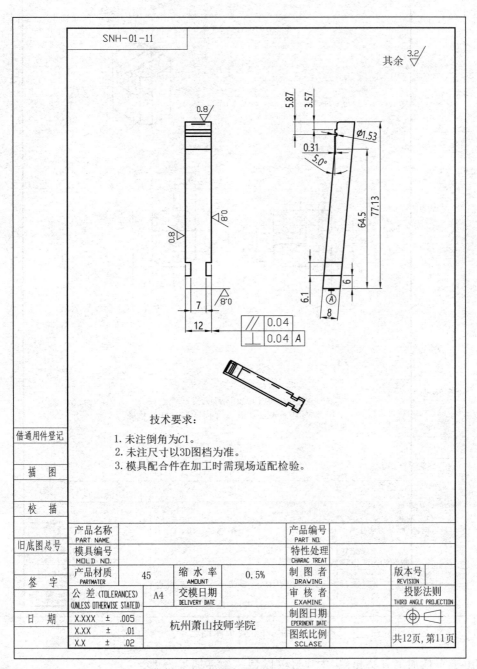

图 6-3 斜顶图纸

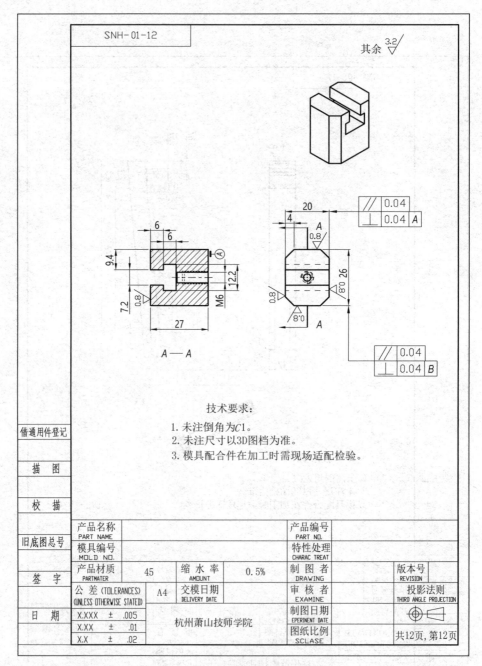

图 6-4 斜顶座图纸

由于零件加工方法相似，本项目仅以型芯镶件加工为例。

项目流程

任务一　线切割设备的开机及加工前的准备工作　　　　　　（0.5 课时）
任务二　机床上丝与钼丝校正　　　　　　　　　　　　　　（1 课时）

任务三　工件的装夹及校正　　　　　　　　　　　　　　（1课时）
任务四　镶件线切割加工　　　　　　　　　　　　　　　（2课时）
任务五　机床关机与定期保养　　　　　　　　　　　　　（1课时）
任务六　零件质量检测与评价　　　　　　　　　　　　　（0.5课时）

任务一　线切割设备的开机及加工前的准备工作

（一）操作人员安全准备

（1）在操作机床前，必须先认真阅读和理解机床的操作手册和安全规程。必须熟悉机床的各项功能和安全设备的使用方法。

（2）操作线切割机床时，必须佩戴个人防护装备，如护目镜、防护鞋等。

（3）只有经过培训并掌握线切割机床操作技能的人员才能进行操作。未经培训的人员不得进行任何操作。

（4）开机前须认真检查设备是否正常，查看电源总开关、急停开关是否正常有效，按要求加注润滑油。

（5）严禁操作人员在机动运丝和工件加工过程中用手触摸电极丝。

（6）在进行加工前，必须正确设置加工参数，如加工速度、电压、脉冲等。

（7）在加工过程中，必须时刻关注机床的工作状态，特别是机床的切割状态和加工进度。

（8）如果发现任何异常情况，必须立即停机并通知维修人员进行维修。

（9）定期对线切割机床进行维护和保养，如清洁、润滑、更换零部件等。定期检查安全装置的有效性和完整性。

（10）未经许可，不得私自改动和调整机床。必须由专业人员进行机床的安装、维修和调整。

（11）操作结束后，必须关闭机床的电源并清理工作区域，将工件、工具等存放在指定的位置。

（二）工具准备

工具准备如表6-1-1所示。

表6-1-1　工具准备表

序号	名称	图例	规格	数量	功能	备注
1	数显游标卡尺		量程：150mm/200mm/300mm；产品重量：205g/228g/281g；总长度：236mm/289mm/391mm；外径测量爪长度：40m/48m/60m；内径测量爪长度：16mm/19mm/21mm；深度尺宽度：3.5mm/3.5mm/3.5mm	1	测量外径、内径、深度和阶梯等尺寸	保持清洁，定期校准

续表

序号	名称	图例	规格	数量	功能	备注
2	数显深度卡尺		量程 分析力 精度 a b c d e L 0-150 0.01 ±0.03 100 21.5 2.5 14.5 3.5 230 0-200 0.01 ±0.03 100 21.5 2.5 14.5 3.5 280 0-300 0.01 ±0.04 100 21.5 2.5 14.5 3.5 380	1	测量深度和凹槽深度	保持清洁,定期校准
3	杠杆百分表		产品名称 杠杆百分表 产品材质 铝壳体 产品种类 指示针系列 分辨率 0.01mm 表面处理 铝合体喷漆 钢壳体镀铬	1	测量工件表面微小高度差,检测平整度、垂直度等几何精度	保持清洁,定期校准
4	磁性表座		规格型号 长度 宽度 高度 孔径 净重 T6 60mm 50mm 55mm 8mm 1.1kg T8 66mm 50mm 55mm 8mm 1.2kg T10 79mm 50mm 55mm 8mm 1.5kg T12 120mm 50mm 55mm 8mm 2.0kg	1	强磁吸附、灵活调整、快速装卸以及适应多种测量场合	避免高温、潮湿或强磁环境,定期检查和保养磁性表座以确保其性能稳定
5	钼丝		规格: 0.18mm 2000m定尺 0.20mm 1600m定尺 0.16mm 3000m定尺	1～2	钼丝是一种高强度、高熔点的金属丝材,用于线切割设备作为电极丝。它具有切割功能、耐磨性能、热稳定性和导电性能,能实现高精度切割,适用于高温、高压环境	价格相对较高,且易断裂。根据加工需求选择合适的加工参数

续表

序号	名称	图例	规格	数量	功能	备注
6	线切割压板	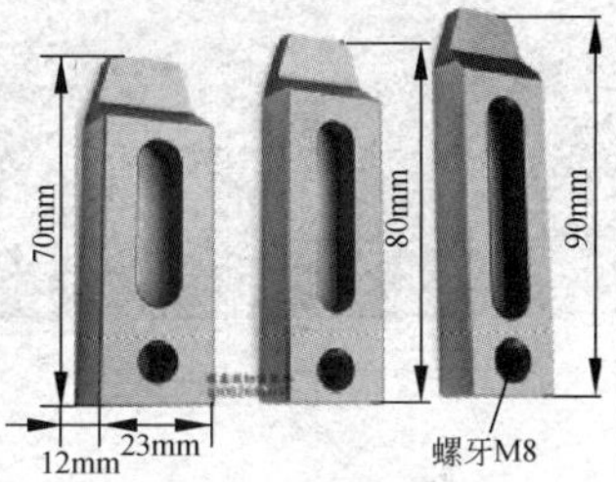	规格：70/80/90×23×8　M10：70/80/90×23×12　70/80/90×23×12　二目：120×100×15/M8　治具：120/150/180/220×50×15　三目：120×150/15/M8	2~3	用于固定工件	选择合适的材质、规格、形状，并注意调整压力，定期检查磨损情况
7	护目镜	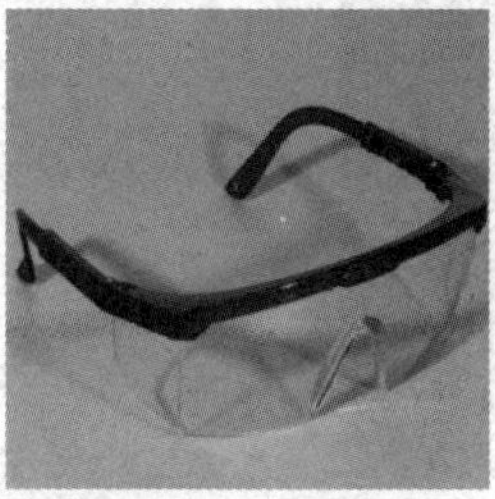	通用型	1	防止飞溅物伤害眼睛	佩戴时确保舒适合适
8	工作服		个人尺寸	1	防止身体被切削液、火花等污染或损伤	选择合适的尺寸和材质
9	劳保鞋		个人尺寸	1	防止脚部受到重物砸伤或滑倒	选择合适的尺寸和防护性能

（三）设备开机环境检查

（1）检查机床前、后、左、右 1m 范围内有无干涉机床正常操作的杂物、地面与机床是否整洁。若有油污或碎屑需在开机前进行整理清洁，避免工作时滑倒，干扰正常操作。

（2）检查垫脚卡板是否稳固、有无明显倾斜。

（3）检查机床同附属零件之间电源线有无零乱现象，如图 6-1-1 所示。

（4）检查各轴手柄有无松脱。旋转 X 轴、Y 轴手柄运行是否流畅，有无异常响动，如图 6-1-2 所示。

图 6-1-1　检查电源线

图 6-1-2　检查手柄

（5）按要求加注导轨润滑油，保证润滑油足够，如图 6-1-3 所示。

图 6-1-3　加注润滑油

（6）检查机床冷却系统是否正常，观察冷却液输出是否充足。在使用机床过程中，如果冷却液不够，会对机床造成一定的伤害且容易造成断丝致使加工零件的报废，因此需要及时添加冷却液确保冷却液充足，再进行后续操作。

（四）线切割机床的开机

（1）打开机床后面的机床电源总开关，这时机床后面配电柜已经开始运转，如图 6-1-4 所示。

（2）再接通系统电源，按操作面板开机按钮 ON，机床系统开始启动。要注意系统在启动过程中，不允许按机床面板上任何按键，以防止误操作，删除机床系统内部参数，如图 6-1-5 所示。

图 6-1-4　开启电源

图 6-1-5　开启系统电源

（3）机床显示屏显示坐标画面时，机床显示急停报警信息，这时轻轻向右旋合红色

"急停"按钮,"急停"按钮弹起,机床取消报警,开机完成,如图 6-1-6 所示。

图 6-1-6 关闭急停

相关知识

(一) 线切割的基本原理

线切割机床是一种电加工机床,靠金属丝(钼丝、铜丝或者合金丝)通过电腐蚀切割金属(特别是硬材料、形状复杂零件),如图 6-1-7 所示。

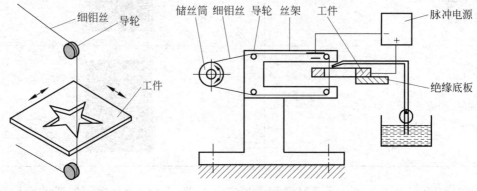

图 6-1-7 线切割原理图

其基本工作原理是利用连续移动的细金属丝(称为电极丝)作电极,对工件进行脉冲火花放电蚀除金属、切割成型;其在切割过程中不接触工件。它主要用于加工各种形状复杂和精密细小的工件。

一般穿孔加工的电极及带锥度型腔加工的电极,对于铜钨、银钨合金之类的材料,用线切割加工较经济实惠,同时也适用于加工微细复杂形状的电极。

线切割能加工各种高硬度、高强度、高韧性和高脆性的导电材料,如淬火钢、硬质合金等。加工时,钼丝与工件始终不接触,有 0.01mm 左右的间隙,几乎不存在切削力;能加工各种外形复杂的精密零件及窄缝等;尺寸精度可达 0.02～0.01mm,表面粗糙度 Ra 值可达 1.6μm。

在试制新产品时,用线切割在板料上直接割出零件,例如切割特殊微电机硅钢片定转子铁芯。由于不需另行制造模具,可大大缩短制造周期、降低成本。另外,修改设计、变更加工程序比较方便,加工薄件时还可以多片叠在一起加工。在零件制造方面,可用于加工品种多、数量少的零件,特殊难加工材料的零件,材料试验样件,各种型孔、凸轮、样板、成型刀具;同时还可以进行微细加工及异形槽的加工。

(二)开机操作相关按键及操作注意事项

开机操作按键如表 6-1-2 所示。

表 6-1-2 开机操作按键表

步骤	图例
检查机床各部件状态及各控制开关位置	
打开电源空气开关	
拉起急停旋钮,按下启动按钮	

机床的开机及关机操作主要是掌握电源空气开关、急停按钮、启动按钮的操作顺序。如果操作不当,将导致机床不能正常启动或对机床的系统和部件造成损坏。

电源空气开关:线切割机床的总电源,是企业供电系统与机床电气部分相连的开关,该开关一般安装在机床电气柜的后面或侧面。开机时首先要将它旋至"ON"位置,关机时最后要将其旋至"OFF"位置。

急停按钮:对机床起应急保护作用的开关,在机床出现故障或意外情况时,操作者的第一反应就是按下急停按钮,这样机床就可以立即停止运转。为了方便操作,该按钮一般安装在机床电气柜的前方位置,而且比其他按钮大,为了达到醒目效果,表面为红色。

启动按钮:控制机床正常上电、数控装置正常启动的按钮。只有在急停按钮旋开时,该按钮才能起到控制机床上电的作用。该按钮通常为绿色。

(三)手控盒的操作

手控盒可控制电极丝的启停、工作液的开关、工作台的移动等,如图 6-1-8 所示。

手控盒的操作能够控制工作台与丝架之间的相对位置。运用手控盒上 X、Y 向往复移动按钮的操作,来控制进给电动机的工作状态,并观察工作台移动方向与手控盒按钮的关系。

手控盒的操作能够控制储丝筒电动机的启动与停止,并观察电极丝的运转情况。

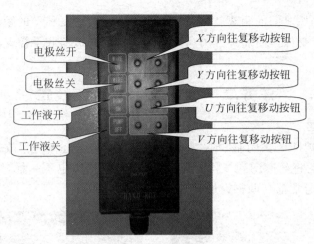

图 6-1-8　线切割机床手控盒

手控盒的操作能够控制工作液泵的启动与停止。

操作提示：严禁用手触摸电极丝。工作液开、关按钮的操作要在电极丝开、关按钮的操作之后。

（四）储丝筒的调节操作

储丝筒是储存电极丝的部件，工作时由电动机带动滚丝筒旋转实现电极丝的运转。如图 6-1-9～图 6-1-11 所示。

图 6-1-9　储丝筒和行程开关

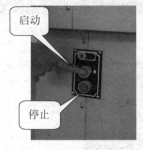

图 6-1-10　储丝筒启停开关　　图 6-1-11　储丝筒速度调节器

储丝筒在线切割机床上正常工作时，通过旋转运功带动电极丝在导轮上快速运动。为了使缠绕在储丝筒上的电极丝与导轮之间保持直线位置，储丝筒还要在轴向上作往复运动。调整行程挡块之间的距离就可以控制储丝筒轴向往复移动的距离。

储丝筒的动作受储丝筒启停开关、行程开关、速度调节器和手控盒上的电极丝启停开关控制。

任务二　机床上丝与钼丝校正

（一）机床上丝

（1）将断丝保护打开，关闭加工时高频，确保机床不放电，防止触电事故，如图 6-2-1 所示。

（2）关闭电机，将丝速调到 3 挡，不同的机床丝速挡位也不一样，穿丝需要确保电机旋转时速度要慢，通常都是调整为最慢，如图 6-2-2 所示。

图 6-2-1　关闭高频

图 6-2-2　调整丝速

（3）取下线切割防护板、上水嘴防护板、导轮防护板、丝筒防护板，如图 6-2-3～图 6-2-5 所示。

图 6-2-3　水嘴防护板

图 6-2-4　导轮防护板

图 6-2-5　丝筒防护板

（4）上丝时将丝筒旋转至最右边位置，松开左边的螺丝。

（5）松开两个限位，如图 6-2-6 所示。

（6）将丝盘放在丝杆上旋紧"压紧螺丝"，如图 6-2-7 所示。

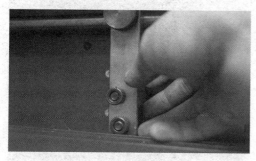

图 6-2-6 丝筒限位

图 6-2-7 丝盘安装

（7）从丝盘抽出钼丝绕过导轮，将钼丝的前端连接在左边的螺丝上，旋紧左边的螺丝，如图 6-2-8 和图 6-2-9 所示。

图 6-2-8 钼丝绕过导轮

图 6-2-9 锁紧钼丝

（8）右手扶着丝盘，左手滚动丝筒逆时针旋转丝筒，手动缠绕钼丝 10mm 宽，如图 6-2-10 所示。

图 6-2-10 缠绕钼丝

（9）锁紧右边的限位。开启丝筒电机自动上丝。上到一定量后剪断钼丝，取下丝盘，牵引钼丝绕过第一、第二个导轮，然后绕过第一个导电块，再去绕第三个导轮，接着牵引钼丝穿过上水嘴和下水嘴，穿过第二个导电块，穿过第四、第五个导轮和最后一个导电块。钼丝从丝筒下方绕过。连接在右边的螺钉上旋紧螺钉，如图 6-2-11～图 6-2-17 所示。

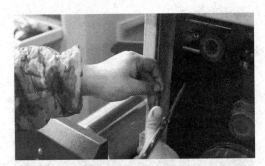

图 6-2-11　剪断钼丝

图 6-2-12　第一、第二导轮

图 6-2-13　第一个导电块

图 6-2-14　上水嘴

图 6-2-15　下水嘴

图 6-2-16　第四、第五导轮和导电块

（10）上述操作主要观察钼丝是否在各个导轮与电块上。手动转动丝筒，缠绕钼丝10mm 宽，锁紧左边的限位。取出紧丝筒，将钼丝抵住开启丝筒旋转紧丝，这样的目的是让钼丝更均匀。检查是否有串丝现象，检查正常后松开张紧轮，如图 6-2-18 所示。

图 6-2-17　锁紧钼丝

图 6-2-18　松开张紧轮

（11）放上线切割防护板、水嘴防护板、导轮防护板和丝筒防护板。

（二）校正钼丝

（1）钼丝相对于工件的角度是加工人员自行调整的。打开高频和丝筒旋转按钮，移动手柄使钼丝靠近基准块。

（2）使钼丝接触基准块出现火花，观察火花，调整钼丝位置直到基准块上下均能同时出现火花。X 轴方向和 Y 轴方向均需要校正一次，才能确保钼丝垂直，如图 6-2-19 所示。

图 6-2-19 钼丝校正

任务三 工件的装夹及校正

（1）取下丝筒防护板，开始装夹工件，摆正工件，用压板不完全夹紧，如图 6-3-1 所示。

（2）将百分表和线切割机床上支架外壳清洁干净，去除表面污垢和油脂等杂质，以确保百分表能够紧密磁吸在上支架外壳，并将其安装在上支架外壳。

（3）将百分表底座长方向平行安装在上支架外壳上，打开磁性开关。安装后轻轻摇晃确认磁吸吸牢。

（4）用手轮操作机床移动控制。

（5）打平工件 X 轴方向位置，移动 Y 轴预压缩百分表 3~5 圈。

（6）左右移动 X 轴，保证百分表在工件表面内移动，观察表针转动方向判断工件往哪个方向位移较多，使用铜棒控制指针移动在 0.01mm 的范围内，这时工件 X 轴方向打正，如图 6-3-2 所示。

图 6-3-1 锁紧工件　　　　　　　图 6-3-2 百分表读数

（7）用同样的方法打平工件 Y 轴方向，检查工件上表面的平行度。

(8) 打表无误，锁紧工件。

(9) 再次使用百分表检查工件位置是否摆正，打表是否正确。如有问题则松开工件重复上述打表操作，如正确则退出百分表，然后将其取下，维护、保养、收起，完成工件校正操作。

任务四　镶件线切割加工

（一）钼丝对刀

(1) 确保压板稳固地将工件压紧，且电极丝已正确装载并张紧。

(2) 开启手控盒上走丝电机，开启脉冲电源。

(3) 通过手动或程序控制方式移动 X 轴、Y 轴，将电极丝移动至工件初始切割位置附近，如图 6-4-1 所示。

(4) 摇动手柄，在接近工件时缓速摇动手柄让钼丝接触工件。当有火花时完成位置对刀，如图 6-4-2 所示。

图 6-4-1　调整钼丝位置

图 6-4-2　观察火花

(5) 在电极丝与工件表面接触的位置，记录此时的 X 轴、Y 轴坐标。这些坐标作为初始切割位置，将在加工程序中使用，如图 6-4-3 所示。

图 6-4-3　记录坐标

(6) 关闭脉冲电机和走丝电机。记下加工起始点及关键点坐标值，以便在加工中出现断丝等不利因素时返回。

（二）机床加工

(1) 使用 U 盘导入需要加工工件的图纸到线切割机床上，操作计算机时，保证双手干燥。

(2) 根据加工零件的材料、厚度、形状等因素，确定切割速度、脉冲参数等切割参数，并输入参数。

(3) 开启脉冲电机和走丝电机。

（4）加工过程中合理调整进给速度，使电流表稳定为止。为避免发生断丝现象，调整进给速度时应首先增大脉冲间隙，降低加工电流。当切割中出现短路现象无火花、无进给切割，可用短路回退排除。切割过程中尽量避免操作停机，以免出现加工痕迹。加工前确认工件安装位置正确，以防加工时发生碰撞。加工时禁止触摸钼丝与工具电极。

（5）调节水阀供流液量，工作液一定要畅通，否则容易引起短路或断丝。

（6）观察加工过程中，线切割工作方向是否正确，如不正确，及时停机，检查程序。为提高加工经验及维修水平，应将每次出现的问题和解决方法详细记录。

相关知识

（一）中走丝线割参数参考

中走丝线割参数参考表 6-4-1。

表 6-4-1 中走丝线切割参数参考表

材料厚度/mm	刀数/刀	脉冲	脉间	电流	跟踪	切割余量/mm
1~15	1	3	5	10	3	0.07
	2	2	3	7	9~12	0.02
	3	1	2	7	6~8	0
16~25	1	4	5	10	3	0.065
	2	3	4	7	15~18	0.02
	3	1	3	7	8~12	0
26~50	1	5	5	10	3	0.062
	2	4	4	7	21~25	0.015
	3	2	3	7	14~19	0
51~70	1	5	6	12	10	0.065
	2	4	4	7	25~28	0.015
	3	2	3	7	16~20	0
71~100	1	5	6	13	10	0.065
	2	4	5	7~13	28~30	0.015
	3	2	3	7	19~21	0
101~135	1	5	7	15	20	0.065
	2	4	5	15	30~35	0.015
	3	3	3	7	20~24	0
136~160	1	6	7	15	25~50	0.065
	2	5	5	7	34~38	0.015
	3	3	3	7	20~27	0
161~220	1	6	7	15	30~60	0.072
	2	5	6	13	36~43	0.025
	3	4	4	7~13	25~30	0.01
	4	3	3	7	18~20	0

（二）多次切割工艺参数设置

（1）第一次切割的任务是高速稳定切割。

脉冲参数：选用高峰值电流、较长脉宽的规准进行大电流切割，以获得较高的切割速度。

电极丝中心轨迹的补偿量：
$$f = 1/2\phi_d + \delta + \Delta + S$$
式中，f 为补偿量(mm)；ϕ_d 为电极丝直径(mm)；δ 为第一次切割时的放电间隙(mm)；Δ 为留给第二次切割的加工余量(mm)；S 为精修余量(mm)。

在高峰值电流粗规准切割时，单边放电间隙大约为 0.02mm；精修余量甚微，一般只有 0.003mm。而加工余量 Δ 则取决于第一次切割后的加工表面粗糙度及机床精度，在 0.03～0.04mm 的范围内。这样，第一次切割的补偿量应在 0.05～0.06mm，选大了会影响第二次切割的速度，选小了又难以消除第一次切割的痕迹。

走丝方式：采用高速走丝，走丝速度为 8～12m/s，达到最大加工效率。

（2）第二次切割的任务是精修，保证加工尺寸精度。

脉冲参数：选用中等规准，使第二次切割后的粗糙度值 Ra 在 1.4～1.7μm。

补偿量 f：由于第二次切割是精修，此时放电间隙较小，δ 不到 0.01mm，而第三次切割所需的加工质量甚微，只有几微米，二者加起来约为 0.01mm。所以，第二次切割的补偿量 f 约为 $(1/2d+0.01)$mm 即可。

走丝方式：为了达到精修的目的，通常采用低速走丝方式，走丝速度为 1～3m/s，并将进给速度限制在一定范围内，以消除往返切割条纹，并获得所需的加工尺寸精度。

（3）第三次切割的任务是抛磨修光。

脉冲参数：用最小脉宽进行修光，而峰值电流随加工表面质量要求而异。

补偿量 f：理论上是电极丝的半径加上 0.003mm 的放电间隙，实际上精修过程是一种电火花磨削，加工量甚微，不会改变工件的尺寸大小。所以，仅用电极的半径作补偿量也能获得理想效果。

走丝方式：像第二次切割那样采用低速走丝限速进给即可。

任务五　机床关机与定期保养

（1）检查加工完成情况。

（2）确保工件已经加工完成或者已经停止加工。查看是否正确加工，有没有遗漏加工处。如无，则进行下一步操作；如有，应修改程序重新加工。检查时不能用手触碰工件、钼丝和机器，防止触电风险。

（3）关闭工作液循环系统，避免工作液污染、挥发或者流失，同时防止工作液的腐蚀和浪费。

（4）关闭高频、关闭电机。

（5）取下工件完成加工。

（6）关闭系统电源，按操作面板关机按钮 OFF，机床系统开始关闭。

（7）关闭机床后面的机床电源总开关，这时机床后面配电柜已经停止运转，避免电器零部件长时间处于待机状态，降低损坏的风险。

（8）关闭机床后，需要对机床进行清理，包括清理加工区域的杂物和工作液残留，检查导轨和丝杆的润滑情况，更换润滑油和工作液等，以确保机床的正常使用和延长机床的使用寿命。

相关知识

（一）关机操作按键

关机操作按键如表 6-5-1 所示。

表 6-5-1　关机操作按键表

步　　骤	图　　例
调整机床各部件到达合适位置	
按下急停按钮	
关闭电源空气开关	

（二）维护保养方法

工作运动部位应严格按润滑要求进行润滑，导轮轴承每周用煤油冲洗一次，多加注润滑油，将残留工作液挤出。

丝架上、下臂应经常清洗，及时将工作液、电蚀物清除。导轮、进电块、断丝保护块表面应保持清洁。工作液应勤换，管道应保持通畅。更换工作液时应清洗工作液箱和管道，去除电蚀物。

严格遵守安全操作规程。机床防尘罩上不要放置重物，不要随意拆卸机床。如果需要拆卸，应防止灰尘落入。储丝筒换向时，如果发生振动应及时检查有关部件并调整。

应经常检查导轮、进电块、断丝保护块、导轮轴承等是否磨损，如出现沟槽影响精度应及时更换。更换导轮后应重新调整电极丝与工作台的垂直度，使用一段时间后应重新检查校正。

（三）工作液配制

性能要求：

(1) 具有适中的介电性能。

(2) 清洗与排屑性能好。

(3) 要有较好的冷却性能并且具有良好的消电离作用。

(4) 要保证较快的加工速度,以提高加工效率,降低成本。
(5) 对环境污染小,对人体无害,不对机床和工件产生锈蚀,不使机床油漆变色。
(6) 使用方便,价格便宜,使用寿命长。

(四) 工作液的种类和配比

乳化油、水基工作液、固体乳化皂等,其中乳化油的使用较多。一般1箱工作液的正常使用寿命在80～100h,加工铝件时工作液应较勤更换。

使用前,应先将工作液按一定比例稀释,一般为(1∶10)～(1∶20),高浓缩工作液配比可达(1∶60)～(1∶100)。尽量避免使用硬水配制,稀释好的工作液呈乳白色,如图6-5-1所示。

更换时,先将水箱及机床上、水道中的油污清理干净,若未彻底清洗则油污会混到新配制的切削液中而影响使用寿命,如图6-5-2所示。

图 6-5-1 配制好的工作液

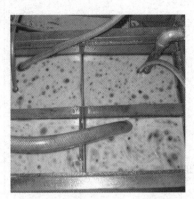
图 6-5-2 混入油污的工作液

(五) 机床关键部位润滑

机床日常润滑是每次使用机床都要进行的操作,需严格按照机床使用说明书的润滑要求进行。

储丝筒拖板导轨采用注油方式润滑,将规定标号的机械油由注油口注入,一般每班注油一次,如图6-5-3～图6-5-7所示。

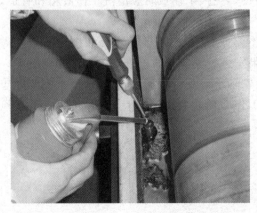
图 6-5-3 注油润滑

图 6-5-4 可调丝架滑轨前端淋油润滑

图 6-5-5 可调丝架滑轨后端淋油润滑

图 6-5-6 导轮淋油润滑

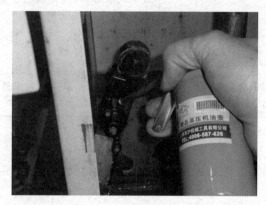
图 6-5-7 轴承淋油润滑

任务六 零件质量检测与评价

教师根据学生任务完成情况填写表 6-6-1 所示的线切割零件质量评价表。

表 6-6-1 线切割零件质量评价表

序号	项目	考核内容	配分	评分标准	得分
1	特征位置是否完整	表面质量	2	无生锈、碰伤、崩缺和毛刺；表面和孔内无残留切削液和油污，出现错误不得分	
		尺寸公差	4	形状尺寸±0.02mm；位置尺寸±0.05mm，出现错误不得分	
		顶针孔数量	4	确认加工数量，出现遗漏错误不得分	
		无过切	10	过切出现超过 0.05mm 不得分	
2	机床操作	机床上丝	5	出现错误不得分	
		钼丝校正	5	出现错误不得分	
		工件装夹	5	出现错误不得分	

续表

序号	项目	考核内容	配分	评分标准	得分
3	职业素养	执行安全操作规程	20	要求学生在操作过程中严格遵守安全规程，养成良好的安全意识。此外，注重培养学生的职业道德和社会责任感，使学生在工作环境中表现出良好的职业道德和积极的工作态度。违反规程不得分	
		机床清洁与维护	15	学生需要学会维护工作场地的整洁，定期进行机床清洁和维护工作。在此过程中，关注培养学生的团队精神、合作意识以及遵守纪律、尊重他人的思政素质，从而在提高自身技能的同时，树立正确的价值观、人生观和世界观	
4	加工时间			超过定额时间5min扣1分，超过10min扣5分，以后每超过5min加扣5分，超过30min则停止考试	
5	文明生产			按实训规定每违反一项从总分中扣3分，发生重大事故取消考试成绩。扣分不超过10分	

思考练习

（1）为什么线切割加工适用于加工硬度较高的材料？它与其他加工方法相比有什么优势？

（2）如何确定线切割加工的参数，例如脉冲电压、脉冲电流、脉冲频率、加工速度等？这些参数对加工效果和效率有何影响？

（3）线切割加工有哪些优势和局限性？

（4）线切割加工在哪些行业和领域有广泛的应用？为什么这些领域更适合使用线切割加工？

（5）在实际操作线切割加工过程中，如何确保安全？需要遵循哪些操作规程和注意事项？

总结提升

（1）根据你在线切割加工操作过程中的经验，你觉得哪些安全预防措施是非常重要的？

（2）回顾你在进行线切割加工实践时所遇到的挑战和困难，你是如何克服这些问题并找到解决方案的？

（3）对于线切割加工过程中可能出现的效率瓶颈和技术不足，你能提出哪些建设性的优化建议以提升加工品质和效率？

（4）在你的线切割加工经验中，有哪些关键环节是必须严格把控的？请说明这些环节对于整个加工过程的重要性。

收纳盒模具材料热处理

项目目标

通过本项目的学习,完成对收纳盒模具零件的热处理,掌握模具零件热处理的操作步骤和要点,能根据不同的检测指标完成模具零件的质量检测与反馈,会正确使用操作设备和不同的测量工具。能严格遵守热处理安全操作规程、"8S"管理制度等要求。

(1) 理解热处理的概念、目的及其在模具制造中的重要性。

(2) 能根据不同类型的模具钢材料及其特性选择正确的热处理方式,以满足实际应用需求。

(3) 能辨识热处理设备的种类及特点,根据实际需求进行设备选择。

(4) 能控制热处理工艺参数,了解对热处理效果的影响因素。

(5) 能评估热处理质量,运用硬度、冲击韧性和疲劳强度等指标进行评价。

(6) 能识别热处理过程中的缺陷及其产生的原因,并采取预防措施和解决方法。

(7) 掌握热处理检验方法,如硬度检测、金相检测和残余应力检测,确保模具零件质量达标。

(8) 通过分析实例和案例,了解热处理工艺在不同类型模具零件中的应用。

(9) 能综合运用所学知识,解决实际模具热处理问题,提高模具零件的性能和使用寿命。

项目描述

热处理是工程领域中重要的材料处理方法,是通过改变金属材料表面或内部的显微组织结构来控制其性能的一种工艺方法。从安全准备、工具准备、热处理操作到质量检测与反馈,每个环节都需严格执行,确保模具零件的性能和质量满足客户需求,同时保障操作人员和设备安全。在整个过程中,应及时总结经验,不断优化热处理工艺,提高热处理效果和生产效率。

需要热处理的零件如图 7-1～图 7-3 所示。

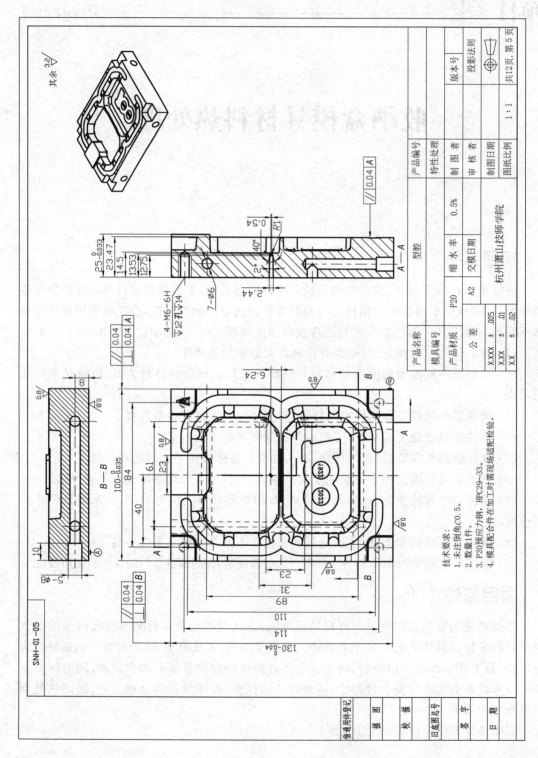

图 7-1 型腔图纸

项目七 收纳盒模具材料热处理 225

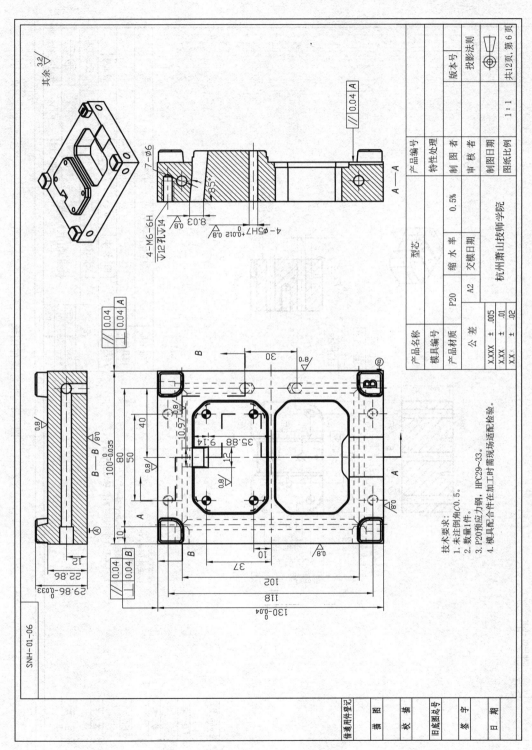

图 7-2 型芯图纸

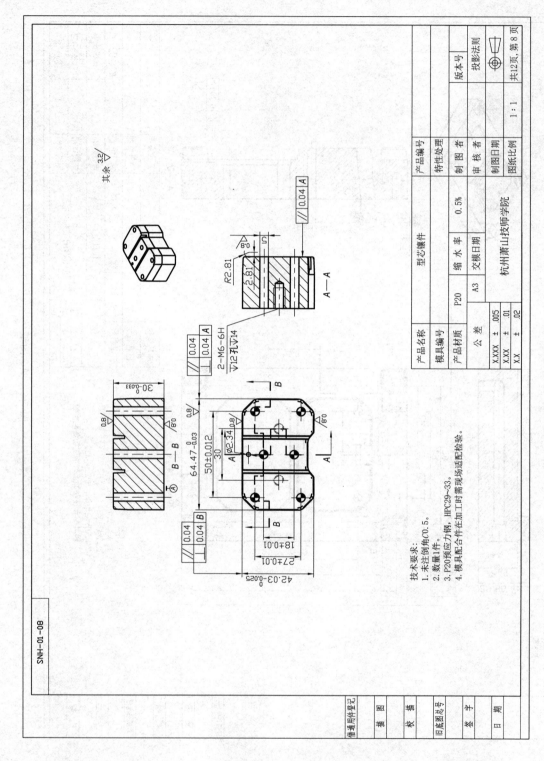

图 7-3 型芯镶件图纸

项目流程

任务一　收纳盒模具零件热处理　　　　　（5 课时）

任务一　收纳盒模具零件热处理

（一）操作人员安全准备

（1）严格遵守热处理车间的安全制度和操作规程，加强安全意识，严禁违章操作。

（2）操作前，熟悉设备的结构、性能、操作方法和注意事项，确保正确使用设备。

（3）对热处理设备进行定期维护和检查，确保设备处于良好的工作状态。发现异常或损坏应立即报告并维修。

（4）在操作过程中，应穿戴防护用品，如防护眼镜、耐热手套、防护鞋等。

（5）在热处理过程中，保持良好的通风条件，避免有害气体的积聚。

（6）加热时，确保工件放置平稳，避免热处理炉内的物品倾覆，造成设备损坏或人员伤害。

（7）在操作过程中，注意保持安全距离，防止烫伤。

（8）使用吊具、夹具等辅助工具搬运高温工件时，应避免直接接触，防止烫伤。

（9）熄炉或停止热处理时，遵循正确的操作流程，确保设备安全。

（10）熟悉应急处理措施，如发生火灾、漏气等突发事件时，能够迅速采取有效的应急措施。

（11）在设备周围设置明显的安全警示标识，提醒员工注意安全。

（12）定期进行热处理安全培训，提高员工的安全意识和应急处理能力。

（二）工具准备

加工中所需工具准备如表 7-1-1 所示。

表 7-1-1　加工中所需工具准备表

序号	名称	图例	规格	数量	功能	备注
1	耐热手套		个人尺寸	1	在搬运高温工件时，保护操作人员的手部免受烫伤	应选择适合工作温度的手套，注意定期检查手套的情况
2	耐高温隔热防护眼镜		个人尺寸	1	防止高温炉内的强光、火花等对操作人员眼睛的损伤	应选用防高温、防火花的专用眼镜，确保视线清晰

续表

序号	名称	图例	规格	数量	功能	备注
3	热电偶工业测温仪		测量范围 −200~1372℃(仅主机) 测量误差 >−100℃±1%的读数加1℃ 　　　　 <−100℃±1%的读数加2℃ 分辨率 0.1℃/1℃ 最大值功能 √ 最小值功能 √ 平均功能 √ 温度单位转换 √ 数据锁定 √ 高清背光 √ 自动关机 10分钟无操作关机 热电偶探头 4个 工作温度 0~40℃ 产品尺寸 200mm×85mm×38mm 产品重量 145g 产品供电 9V电池	1	用于实时监测热处理炉内的温度，确保工艺参数的精确控制	选择精度高、适合工作温度范围的温度监测设备
4	计时器		材质：ABS树脂、硅胶树脂　功能：计时、闹钟、时钟 定时范围：1秒至99时59分59秒　重量：109g(带包装盒)	1	用于控制热处理过程中的保温时间，避免因时间过长或过短导致的工艺问题	选择易操作且计时准确的计时器，避免因时间误差导致热处理问题
5	硬度测试仪		型号 AR936 显氏硬度计 测量范围 (170-960)HLD 测量精确度 ±10HLD 测量方向 支持360度(垂直向上，斜下，水平，斜上，垂直向下) 硬度制式 布氏(HB)，洛氏(HRC)，洛氏(HRA)，维氏(HV)，肖氏(HS) 显示 LCD点阵显示 数据存储 500组 中英文切换 有 通信接口 USB连接电脑 自动关机 有 储运工作温度 −50~60℃(存放避光显示) 工作环境 0~60℃ 温度范围 −20~70℃ 电源 4*1.5AAA电池 产品净重 358g 产品尺寸 160*85*44mm	1	用于检测热处理后工件的硬度，评估热处理效果	根据工件材料和预期硬度，选择适当类型的硬度计
6	工作服		个人尺寸	1	防止身体被切削液、火花等污染或损伤	选择合适的尺寸和材质

续表

序号	名称	图例	规格	数量	功能	备注
7	劳保鞋		个人尺寸	1	防止脚部受到重物砸伤或滑倒	选择合适的尺寸和防护性能

（三）模具零件热处理

（1）模仁零件预处理。将待处理的模具模仁进行清洗，去除表面的污垢和油脂。将模具零件进行去毛刺、打磨或清洗等预处理操作，以确保热处理过程顺利进行。

（2）模仁零件放置。将需要热处理的模仁零件，放置到空的热处理炉中。

（3）模仁零件预热。开启热处理炉，设置时间为70min，将模具零件缓慢加热到适当的预热温度（650℃），以减少热处理过程中的内应力和热裂纹。

（4）模仁零件加热。将预热后的模具零件加热到所需的热处理温度，通常在850～1100℃，具体温度取决于材料类型和热处理的目的。本任务模仁零件加热热处理参数如图7-1-1第2、3步所示。

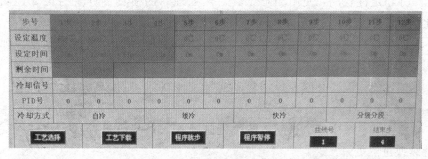

图7-1-1 热处理温度控制

（5）模仁零件保温。达到所需的热处理温度后，保持一定时间使温度在零件内部均匀分布，确保热处理效果，如图7-1-1第4步所示。热处理炉如图7-1-2所示。

（6）模仁零件冷却。根据热处理的目的和材料的性能要求，可以选择不同的冷却介质，如空气、油或水。

本次模仁零件冷却选择水冷，将零件冷却至室温。快速冷却通常会提高硬度和强度，缓慢冷却可以降低内应力和脆性。

（7）模仁零件回火。冷却后，模具零件通常需要进行回火处理。回火是将零件加热到低于热处理温度的一个温度，回火温度可以在300～600℃。回火时间可以是几个小时到十几个小时。需要注意的是，回火时间不宜过长，以免造成过度软化或变形；回火时间也不宜过短，否则可能无法充分消除淬火过程中产生的内应力和改善模具材料的韧性。

图 7-1-2 热处理炉

(8) 清洗。热处理完成后,清洗零件表面的油污和氧化物。至此完成模具零件的热处理。

(四) 质量检测与反馈

(1) 硬度检测:使用硬度计对热处理后的模具零件进行硬度检测,以确保其满足要求。如未达到预期硬度,需分析原因并调整热处理参数。

(2) 尺寸稳定性检测:使用测量工具对热处理后的模具零件进行尺寸检测,评估其尺寸变化情况。如变形超过允许范围,需进行修复处理或重新热处理。

(3) 表面质量检测:检查模具零件表面是否有裂纹、氧化、腐蚀等缺陷。如有缺陷,需采取相应的处理措施。

(4) 其他性能检测:根据客户需求和实际应用场景,对模具零件进行冲击、磨损、腐蚀等性能测试,确保其满足使用要求。

(5) 质量反馈:将检测结果反馈给热处理操作人员和质量管理部门,以便总结经验教训并持续改进热处理工艺。

热处理完成后填写质量检测表(表 7-1-2)。

表 7-1-2 热处理质量检测表

指标名称	含义	检测方法	要求	检测结果	是否通过
硬度	抵抗塑性变形能力	洛氏硬度计	58～62HRC		
韧性	抵抗断裂能力	冲击试验	大于 12J/cm^2		
磨损性能	抗磨损能力	滚动磨损试验	磨损量小于 0.1mm^3		
腐蚀性能	抵抗腐蚀能力	盐雾试验	无明显腐蚀现象,48 小时		
表面粗糙度	表面平整度	表面粗糙度仪	Ra 值小于 $0.8\mu m$		
尺寸稳定性	尺寸变化程度	尺寸测量	变形小于 0.02mm		
表面硬化层厚度	耐磨性能	微硬度计测量	厚度范围 0.8～1.2mm		
渗碳层深度	耐磨性、抗冲击性	微硬度计测量	深度范围 0.6～1.0mm		

思考练习

（1）为什么模具热处理在模具制造过程中如此重要？它对模具性能有哪些影响？

（2）调质处理、表面硬化处理和退火处理之间有何区别？分别适用于哪些类型的模具零件？

（3）为什么需要控制热处理过程中的加热速率、保温时间和冷却方式？它们对热处理效果有哪些影响？

（4）在热处理过程中可能出现哪些缺陷？如何预防和解决这些问题？

总结提升

（1）总结模具热处理的主要目的及其在模具制造过程中的作用，分析模具热处理对模具性能和寿命的影响。

（2）总结热处理设备的种类和特点，探讨在实际生产中如何选择合适的热处理设备以提高热处理效果和降低成本。

（3）对热处理工艺参数进行总结，分析加热速率、保温时间、冷却方式等因素对热处理效果的影响，讨论如何优化这些参数以获得理想的热处理结果。

（4）总结如何综合运用所学知识，分析和解决实际模具热处理问题，以提高模具零件的性能和使用寿命。

项目  收纳盒模具成型零件磨床加工

Project 8

项目目标

通过本项目的学习,能正确使用磨床设备完成对收纳盒模具零件的磨床加工,掌握磨床加工零件的操作步骤和使用技巧,能严格遵守磨床安全操作规程、"8S"管理制度等要求,正确放置工具,并对磨床进行周期维护和保养。

(1) 掌握磨床的基本原理、种类、结构与组成。

(2) 能熟练操作磨床加工,包括工件的装夹与定位、砂轮的选择与安装。

(3) 会根据工件要求选择合适的砂轮和磨削参数,实现高效、精确的磨削加工。

(4) 能发现磨削过程中出现的问题,例如尺寸不准确、表面粗糙度不符合要求等,并采取相应措施进行解决。

(5) 掌握工件尺寸与表面粗糙度的测量与控制方法,确保加工工件的质量满足要求。

(6) 会磨削工艺的优化,提高磨削效率和减少磨损。

(7) 能进行磨床的维护与保养,确保设备的正常运行和延长使用寿命。

项目描述

磨床加工是一种高精度的表面加工技术,常用于模具制造行业。本项目以前面学习的技能为基础,结合 CNC 粗加工后经过热处理的型腔和型芯,通过分析图纸确定需要磨削的部位。内容包括磨床开机工作、操作前的准备工作、砂轮的安装与打平、正确磨削加工、加工质量检测以及周期性维护等。

需要磨削的零件如图 8-1~图 8-3 所示。型腔和型芯材料均为 P20 钢。根据零件尺寸和形状,根据具体需要独立完成型腔和型芯的磨床加工,加工质量达到图纸要求。

由于零件加工方法相似,本项目仅以型腔加工为例进行讲解。

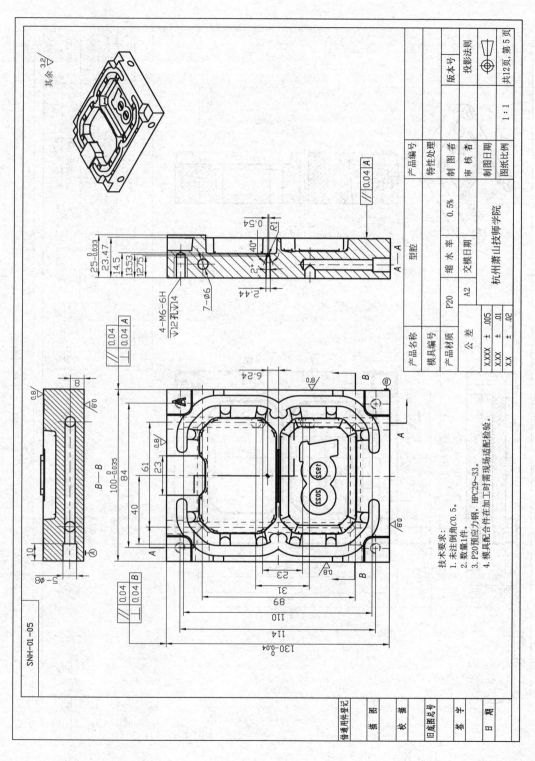

图 8-1 型腔图纸

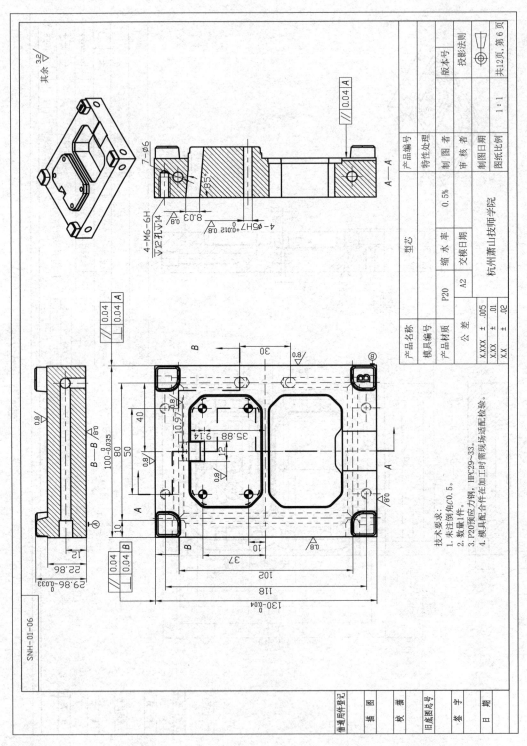

图 8-2 型芯图纸

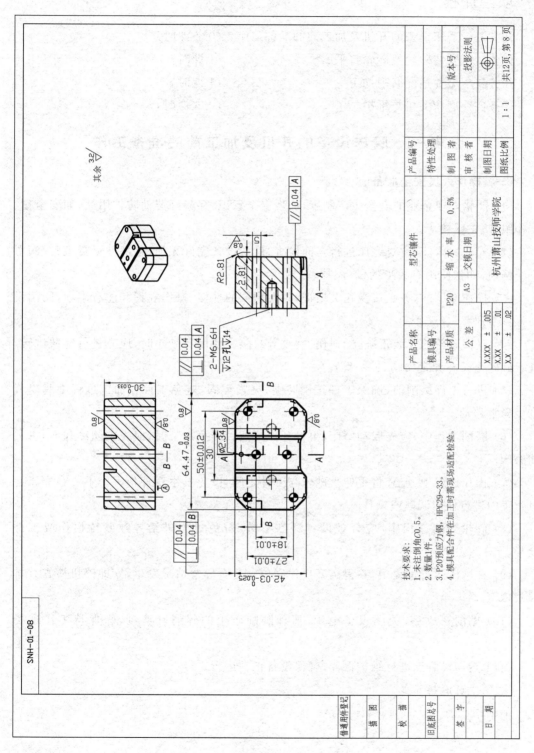

图 8-3 型芯镶件图纸

项目流程

任务一　磨床设备的开机及加工前的准备工作　　（0.5课时）
任务二　安装砂轮及砂轮打平　　　　　　　　　（1课时）
任务三　型腔适配磨削加工　　　　　　　　　　（1课时）
任务四　磨床关机与维护　　　　　　　　　　　（0.5课时）

任务一　磨床设备的开机及加工前的准备工作

（一）操作人员安全准备

（1）严格遵守企业的安全生产制度，加强安全意识，穿戴好劳动防护用品，如安全帽、工作服、防护眼镜等。

（2）操作磨床前，应对磨床进行全面检查，确认设备完好无损，各部件运行正常，润滑系统畅通，切勿使用有故障的设备。

（3）操作磨床前，务必接受相关培训，熟悉磨床的性能、操作规程和注意事项，阅读设备操作手册。

（4）确保砂轮的安装正确，无损伤、裂纹等缺陷。使用新砂轮时，应先进行空载试转，观察砂轮是否有异常振动、偏心等现象。

（5）进行工件磨削前，确保工件正确装夹，夹紧牢固，避免工件在加工过程中脱离或产生异常移动。

（6）磨削过程中，应先启动磨床，再打开冷却液。结束加工时，应先关闭冷却液，再关闭磨床。

（7）操作过程中，严禁将手伸入砂轮与工件之间，以免发生意外伤害。不要在磨床运行过程中进行任何调整或操作。

（8）砂轮磨削过程中，应合理设置磨削参数，避免过大进给导致砂轮损伤或工件变形。

（9）在磨床运行过程中，不得离开操作岗位。若有异常情况发生，立即停机检查并排除故障。

（10）磨削完成后，关闭设备电源，清理磨削产生的碎屑和磨削液，保持工作现场整洁。

（11）定期对磨床进行维护保养，确保设备正常运行。

（二）工具准备

加工中所需工具如表8-1-1所示。

表 8-1-1　工具准备清单表

序号	名称	图例	规格	数量	功能	备注
1	数显游标卡尺		量程 150mm/200mm/300mm 等参数表	1	测量外径、内径、深度和阶梯等尺寸	保持清洁，定期校准
2	砂轮		产品材质（棕刚玉A、白刚玉WA、绿碳化硅GC）及粒度选择表	1	通过高速旋转和磨料的切削作用，去除工件表面多余的材料，实现对工件的精磨	砂轮的选择应根据加工材料、加工精度和磨削要求确定，以保证加工质量和效率
3	砂轮修整器底座		产品材质：优质45号钢；产品特点：硬度高 耐磨损 经济实用；产品用途：用于修整砂轮等物体作业时金刚笔的定位、固定	1	用于固定砂轮修整器，确保其在修整砂轮时保持稳定	砂轮修整器底座应结实、可靠，并能够确保砂轮修整器在修整过程中不发生移位或松动
4	砂轮修整笔		型号规格表（A1标准、A2标准、A8标准、A5标准、A6标准、A7标准、A4标准等）	1	通过在砂轮表面进行刮削，去除砂轮表面的不平整部分，使砂轮恢复锋利和平整	适用于小型砂轮或手磨机的修整。操作时需小心，避免对砂轮或修整笔造成损伤

续表

序号	名称	图例	规格	数量	功能	备注
5	磨床法兰扳手		拆卸孔距：27mm 45mm 50mm	1	是一种专用于拆卸砂轮法兰盘的扳手。通过与法兰盘上的螺丝或螺母配合，实现砂轮的安装和拆卸	使用磨床法兰扳手时，要确保其与法兰盘上的螺丝或螺母完全匹配，避免滑扳或损坏螺纹
6	内六角扳手			1	在磨床操作中，内六角扳手通常用于调整和固定磨床上的部件，如夹具、导轨等	使用内六角扳手时，要确保扳手与螺丝头完全契合，避免滑扳或损坏螺纹
7	护目镜		通用型	1	防止飞溅物伤害眼睛	佩戴时确保舒适、合适
8	工作服		个人尺寸	1	防止身体被切削液、火花等污染或损伤	选择合适的尺寸和材质

续表

序号	名称	图例	规格	数量	功能	备注
9	劳保鞋		个人尺寸	1	防止脚部受到重物砸伤或滑倒	选择合适的尺寸和防护性能

(三) 设备开机环境检查

(1) 检查机床周围 1m 范围内有无干涉机床正常操作的杂物，地面与机床是否整洁。若有油污或碎屑需在开机前进行整理清洁，避免工作时滑倒，干扰正常操作，如图 8-1-1 所示。

(2) 开机前，应将工具、量具、工件摆放整齐，清除所有妨碍设备运行和作业活动的杂物，如图 8-1-2 所示。

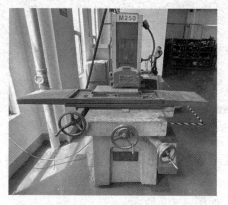

图 8-1-1　机床环境检查

图 8-1-2　工量具摆放整齐

(3) 检查传动部分 AQ 护罩是否完整、固定，如图 8-1-3 所示。检查裸露在外的电线有无破损，接触是否可靠，如发现平面磨床异常应及时处理。

(4) 检查各轴手柄有无松脱，旋转 X 轴、Y 轴手柄运行是否流畅，有无异常响动，检查各手柄转动是否灵活，如图 8-1-4 所示。

图 8-1-3　检查 AQ 护罩

图 8-1-4　检查手柄有无松脱

(5) 用手转动轴心检查轴心运转是否正常,有无明显卡顿,如图 8-1-5 所示。

图 8-1-5　检查轴心运转

(四) 磨床设备开机

(1) 将砂轮 Z 轴位置确保在一个安全的位置,在保证没有干涉的情况下松开急停开关,如图 8-1-6 和图 8-1-7 所示。

图 8-1-6　位置检查　　　　　　　　　图 8-1-7　松开急停

(2) 在没有砂轮的情况下,启动砂轮旋转检查轴心旋转是否正常,有无异响,如图 8-1-8 所示。

(3) 检查无误关闭砂轮旋转,按下急停按钮,如图 8-1-9 所示。

图 8-1-8　磨床启动　　　　　　　　　图 8-1-9　磨床停止

相关知识

(一) 认识磨床

磨床是一种广泛应用于金属加工行业的机械设备,主要用于实现各种形状和尺寸的工件的精密磨削。通过高速旋转的砂轮对工件表面进行磨削,去除多余材料,从而达到精确的尺寸和光洁的表面质量。磨床在现代制造业中具有举足轻重的地位,它是实现高精度、高效率和自动化生产的重要工具。

磨床种类繁多,包括平面磨床、圆柱磨床、内圆磨床、外圆磨床、中心磨床、数控磨床等,各类磨床针对不同工件的形状和尺寸,满足各种加工需求。随着技术的发展,磨床的精度和功能得到了不断提升,使加工过程更加高效、精确。

在操作磨床时,必须严格遵守安全操作规程,确保人身和设备安全。正确使用和保养砂轮、砂轮修整器等相关工具和设备,是确保磨削质量和避免意外发生的关键。同时,磨床的维护和保养也是提高加工质量和延长设备使用寿命的重要环节。

(二) **磨床的加工原理**

磨床的加工主要依赖砂轮的高速旋转对磨料的切削作用,用于实现工件表面的精密磨削。在磨削过程中,砂轮与工件接触,磨料粒子对工件表面产生微小切削,逐渐去除多余的材料。砂轮和工件之间需要有相对运动,如在平面磨床中,砂轮进行往复运动,而工件在垂直或水平方向进行进给。

为了保证加工质量和防止砂轮与工件过热,磨削过程中需要使用切削液进行冷却和润滑。切削液有助于降低磨削温度、减少磨粒磨损、防止工件烧伤,并带走磨削过程中产生的砂屑。

磨床加工的最终目标是实现工件的精确尺寸和良好的表面质量,这取决于砂轮的类型、粒度、结合剂、孔隙等参数,以及磨削过程中的进给速度、砂轮速度等操作条件。通过一系列操作,磨床能够实现高精度、高效率和高质量的磨削加工。

(三) **机床开机相关操作**

机床开机按键如表 8-1-2 所示。

表 8-1-2　开机操作按键

步　骤	图　例
电源开关	
急停开关	
启动按钮	

机床的开机及关机操作主要是掌握电源开关、急停按钮、启动按钮的操作顺序。如果操作不当,会导致机床不能正常启动或对机床的系统和部件造成损坏。

(1) 电源开关。电源开关是磨床的总电源,是企业供电系统与机床电气部分相连的开关,该开关一般安装在机床电器柜上,开机时按下即可。

(2) 急停按钮。急停按钮是对机床起应急保护作用的开关。机床出现故障或意外情况时,操作者的第一反应就是按下急停按钮,让机床立即停止运转。为了方便操作,该按钮一般安装在机床电气柜最明显的位置,而且比其他按钮大。为了达到醒目效果,表面通常为红色。

(3) 启动按钮。启动按钮是控制机床正常上电、主轴砂轮旋转的按钮。

任务二 安装砂轮及砂轮打平

(一) 砂轮安装

(1) 将 Z 轴砂轮护罩移到一个合适的位置,确保安装砂轮时不会有干涉。
(2) 打开砂轮护罩。
(3) 检查砂轮是否与机床匹配,砂轮是否有裂纹、缺口等缺陷,外圆是否为一个圆而不是明显的椭圆,如图 8-2-1 和图 8-2-2 所示。

图 8-2-1 检查砂轮外圆

图 8-2-2 检查砂轮缺陷

(4) 检查没有问题后,打开护罩装上砂轮,如图 8-2-3 所示。
(5) 用手预紧法兰盘,拿出扳手卡进固定点,用法兰扳手拧紧砂轮。注意安装砂轮时,要保证砂轮的厚度大于阶梯轴的轴长。如果长度不够,则应加垫片,确保压紧砂轮,如图 8-2-4 所示。

图 8-2-3 安装砂轮

图 8-2-4 锁紧法兰盘

(6) 关上砂轮罩壳门。

(二) 砂轮打平

(1) 清理工作台面,确保工作台面整洁,没有磨削留下的铁屑和油污,如图 8-2-5

所示。

(2) 将砂轮修整器以正确的方向磁吸在工作台上。一般打平砂轮时,除了移动 Z 轴就是移动 Y 轴,所以为了保证安全,应确保砂轮修整器长方向与 Y 轴平行,磁吸在工作台上,保证砂轮 Y 轴移动时,砂轮修整器不会翻倒。磁吸吸住砂轮修整器后,前后推拉确保磁吸牢靠,如图 8-2-6 所示。

图 8-2-5　清洁工作台

图 8-2-6　打开磁吸

(3) 移动砂轮,将砂轮置于砂轮修整器最高位置与砂轮最低位置正上方间隔约 1cm 处,确保此时砂轮旋转时不会和磨头接触,如图 8-2-7 所示。

(4) 松开急停按钮。

(5) 开启砂轮旋转,观察砂轮旋转是否平稳,旋转是否带有异响,如无则继续操作。缓慢移动砂轮靠近砂轮修整器,移动 Z 轴不得超过 0.05mm,每次移动 Z 轴时需前后移动 Y 轴,这是因为砂轮不平整,会有高低之分,如果砂轮直接接触砂轮修整笔尖,可能会有磨削较多的地方,导致磨头侧翻反生意外事故,如图 8-2-8 所示。

图 8-2-7　调整砂轮位置

图 8-2-8　微调砂轮磨削

(6) 重复上述操作,待砂轮接触到磨头后产生磨削,控制每次 Z 轴下降 0.05mm,缓慢移动 Y 轴进行打平砂轮。待磨削均匀时,降低 Z 轴下降为 0.02mm,再移动 Y 轴磨削,此时砂轮打平,如图 8-2-9 所示。

(7) 将磨头移出砂轮位置,移动时先移动 Y 轴,移出后移动 X 轴,不要移动 Z 轴,确保砂轮不会与磨头碰撞。

(8) 停止砂轮旋转,完成砂轮打平。

(9) 取下磁吸的金刚石磨头,按下急停按钮,清理工作台面。确保工作台面整洁,没有磨削留下的铁屑和油污。

图 8-2-9 砂轮打平

相关知识

机床结构如下。

磨床是一种用于金属加工的机床,其结构主要有以下几个部分。

(1) 机床床身。机床床身作为磨床的基础,承担并支撑磨床的各个部件。通常,床身采用高强度的铸铁材料,具有较好的刚性和稳定性,以确保磨削过程中的精度和稳定性。

(2) 砂轮头。砂轮头是磨床上安装砂轮的部件,包括砂轮主轴、砂轮法兰盘、砂轮等。砂轮头可以在床身上进行垂直或水平方向的运动,实现对工件的磨削。

(3) 导轨。导轨是磨床各个运动部件之间相互运动的依托,包括滑动导轨和滚动导轨。导轨的精度和稳定性直接影响磨床加工的精度和质量。传动装置包括主轴驱动、进给驱动等部分,负责实现砂轮的旋转和各部件的相对运动。传动装置通常由电机、齿轮、皮带、丝杠等元件组成。

(4) 控制系统。在传统磨床中,控制系统主要采用机械传动和液压传动方式,而在数控磨床中,控制系统通常采用计算机数控技术实现自动化和精确的加工控制。

(5) 附件和辅助装置。磨床还配备了各种附件和辅助装置,如砂轮修整器、切削液循环系统、磁性工件夹具等。这些附件和辅助装置为磨削加工提供了必要的支持,确保加工过程的顺利进行。

任务三 型腔适配磨削加工

磨削加工具体过程如下。

(1) 测量热处理后的模仁以及 A 板开框的大小。通常使用的是精坯加工的模仁,模仁在磨削热处理后会产生微微的变形,所以 A 板开框时会留 0.1~0.15mm 的单边预留量,以确保模仁和 A 板的适配。测量后,计算得出每个方向需要的磨削量并记录。

(2) 将工件正确方向磁吸在工作台上。一般需要通过控制前后左右四个面的垂直平行度更好地配框。磨削时需要对称面磨削,磁吸吸住工件后前后推拉确保磁吸牢靠,如图 8-3-1 所示。

(3) 松开急停按钮,移动砂轮,将砂轮置于工件最高位置上与砂轮最低位置正上方间隔约 1cm 处,确保此时砂轮旋转时不会和磨头接触,如图 8-3-2 所示。

(4) 再移动 X 轴将砂轮向左边移动,最低点刚好移出工件范围,如图 8-3-3 所示。

图 8-3-1 工件磁吸

图 8-3-2 工件位置

(5) 开启砂轮旋转，观察砂轮旋转是否平稳，旋转是否带有异响，如无，则继续操作。缓慢移动砂轮靠近工件，先移动 Z 轴，如砂轮与工件距离较大，则一次下降最多 0.1mm，下降 Z 轴后左右移动 X 轴，观察砂轮是否与工件接触。需注意当砂轮接近工件时最多一次下降 0.05mm，操作不要求快，安全操作，让砂轮缓慢接触磨削面，如图 8-3-4 所示。

图 8-3-3 工件位置调整

图 8-3-4 开启砂轮旋转

(6) 横向磨削工件确保加工面上所有位置都被磨削。当砂轮 X 轴方向移出工件再调整 Y 轴，待加工面全部磨削后，将砂轮 X 轴方向移出工件范围，再下降 Z 轴，每次下降不得超过 0.05mm。对称面需要同时磨削，确保精加工时工件不是偏心的，留出单边 0.02～0.03mm 余量，如图 8-3-5 所示。

(7) 加工完毕关闭砂轮旋转，按下急停按钮，拆下工件。清理工作台面，确保工作台面整洁，没有磨削留下的铁屑和油污。清洁工件，确保工件表面没有磨削留下的铁屑和油污，如图 8-3-6 和图 8-3-7 所示。

图 8-3-5 工件磨削

图 8-3-6 松开磁吸

(8) 测量工件,检查是否达到磨削要求。拿出 A 板,进行配框,如果无法适配,需再次检验,确保留得余量,如图 8-3-8 所示。

图 8-3-7　取下工件

图 8-3-8　尺寸检查

(9) 将工件再次磁吸在工作台上开始精磨工件,控制磨削量在 0.01~0.015mm。操作与上述磨削过程相同,但需要控制磨削量以及速度,确保表面的粗糙度。

(10) 加工完毕关闭砂轮旋转,按下急停按钮,拆下工件。清理工作台面,确保工作台面整洁、没有磨削留下的铁屑和油污。清洁工件,确保工件表面没有磨削留下的铁屑和油污。

(11) 再次进行适配,如合适则完成适配,如装不进去则继续少量磨削不断适配,直到大小合适。

(12) 完成型腔精磨试配。一般适配完一个对称面,再适配另一个对称面,直到能正确装配,如图 8-3-9 和图 8-3-10 所示。

图 8-3-9　尺寸检查

图 8-3-10　工件适配

(13) 配框完成,如图 8-3-11 所示。清理工作台面,确保工作台面整洁、没有磨削留下的铁屑和油污。

图 8-3-11　适配完成

相关知识

磨床操作时的技巧和注意事项如下。

（1）选择合适的砂轮。根据工件材料、加工要求和磨削方法，选择合适的砂轮种类、粒度、硬度和结构。不同的材料和加工要求需要使用不同类型的砂轮。

（2）砂轮装夹与修整。在装夹砂轮前，应检查砂轮有无损坏和开裂。装夹后使用砂轮修整器对砂轮进行修整，确保砂轮表面平整、清晰，以保证加工质量和安全性。

（3）工件装夹。正确安装并固定工件，确保工件在磨削过程中不会发生移动或脱落。在装夹过程中，要注意工件的定位和夹紧力，避免工件变形或损坏。

（4）确定合适的磨削参数。根据砂轮和工件材料，选择合适的磨削速度、进给速度和磨削深度。过高的磨削速度可能导致砂轮过热、磨损过快和工件表面烧伤；过低的磨削速度可能导致加工效率降低和砂轮堵塞。

（5）清洗和润滑。在磨削过程中，应使用切削液对砂轮和工件进行冷却和润滑，以减少磨损、热变形和磨削力。同时，应定期清理砂轮和工作台上的磨削屑，保持磨床清洁。

（6）操作时注意安全。磨削操作时，操作人员应佩戴防护眼镜和手套，避免砂轮飞溅和磨削屑伤人。操作前，确保磨床的各个部件运转正常，避免因机械故障导致的安全事故。

（7）工件检查。加工完成后，对工件进行尺寸和表面粗糙度检查，确保达到加工要求和公差。如有不合格的工件，应及时分析原因并进行处理。

（8）磨床维护。定期对磨床进行清洁、润滑和维修，确保磨床正常运行。操作结束后，清理砂轮和工作台，关闭电源。

任务四 磨床关机与维护

相关知识

（一）磨床关机步骤

（1）正式关机之前，应先将所有操作参数恢复到初始状态，并将工作台和磨轮调整到合适的位置。

（2）关闭主电源和磨床电源，等待磨床完全停止运转后，才能离开机床。

（3）将使用过的工具和附件归位，避免遗失和损坏。保持工作区域的整洁和有序。

（4）磨轮是磨床的核心部件，需要定期检查其磨损情况和磨轮粒度。当磨轮磨损达到一定程度时，应及时更换，避免因磨轮磨损而影响磨削质量和加工效率。

（5）磨床在使用过程中，可能会出现各种故障，如磨轮不平衡、工作台不稳、磨削液泵故障等，需要及时调整和维修。对于较复杂的故障，应及时请专业技术人员进行维修。

（二）磨床周期维护方法

（1）定期清洁机床。磨床每天使用后，应对机床各部位进行清洁，特别是磨轮和工作台，避免磨屑和灰尘积累，影响机床的运转和加工质量。

（2）定期更换润滑油和液压油。磨床的润滑油和液压油需要定期更换，一般每3~6个月更换一次。更换时应注意清洁，确保油质量清洁和充足。

（3）定期检查电气系统。磨床的电气系统是机床稳定运转的重要保证，需要定期检查电气线路、接线端子、接触器、开关等,保证其正常运转。

(4) 定期检查机床精度。磨床加工精度是磨床的重要指标之一,需要定期检查机床精度,并根据需要进行调整和维修。

(5) 定期更换磨轮。磨轮是磨床的关键部件,磨轮磨损会影响磨削质量和加工效率。因此,需要定期更换磨轮,并注意磨轮粒度和磨轮的平衡性。

(6) 定期维护液压系统。磨床的液压系统是保证机床工作平稳和可靠的关键部件之一,需要定期检查液压系统的管道、阀门、油泵、油箱等部件的密封性和清洁度。

(三) 机床关键部位的润滑

(1) 滑动导轨润滑。磨床的导轨是机床的重要组成部分之一,需要保证其表面的光滑和平整,以确保加工精度。一般采用润滑油进行润滑。润滑油需要定期更换,润滑油要求清洁,黏度适中。

(2) 主轴箱润滑。磨床的主轴箱是机床的核心,需要保证其正常工作。主轴箱一般采用油气润滑或油脂润滑。油气润滑一般适用于高速主轴,油脂润滑适用于低速主轴。润滑油或油脂要求清洁,黏度适中,定期更换。

(3) 磨轮润滑。磨床的磨轮是机床的关键部件之一,需要保证其正常工作。磨轮润滑一般采用磨削液润滑。磨削液要求清洁,黏度适中,选用时根据加工材料的不同和磨削过程的要求进行选择。

(四) 机床关机相关操作

关机相关操作按键如表 8-4-1 所示。

表 8-4-1 关机操作按键

步 骤	图 例
关闭砂轮旋转	
调整机床各部件到达合适位置	
按下急停	
关闭电源	

思考练习

(1) 如何选择合适的砂轮？在选择砂轮时，需要考虑哪些因素？

(2) 砂轮修整的目的和方法是什么？为什么要进行砂轮修整？

(3) 磨床的日常维护和保养需要注意哪些方面？

总结提升

(1) 磨削加工的主要优点和局限性是什么？在模具制造和其他领域的应用中，磨削加工起到什么作用？

(2) 磨床操作中的关键环节有哪些？如何确保这些环节的准确和高效执行？

(3) 磨床操作中的安全风险和隐患有哪些？如何采取有效措施预防和降低这些风险？

项目 九  Project 9

收纳盒模具成型零件CNC精加工

项目目标

通过本项目的学习,能熟练操作机床独立完成模具成型零件的CNC精加工,掌握每个加工环节的操作步骤,能正确使用各种检测设备对完成精加工的模具成型零件进行精确检测。严格遵守加工操作的安全规范和要求,对机床进行周期性维护和保养。

(1) 能正确识读零件图,分析、梳理精加工前需完成的准备工作。

(2) 能根据安全规范操作流程要求,进行精加工前机床的检查。

(3) 通过精加工工艺卡,明确模具成型零件精加工的工艺流程,以及各工序所需量具、刀具的规格和使用顺序,合理设置切削参数,计划工时,并按要求精加工模具成型零件。

(4) 能独立操作机床,使机床恢复到原点状态。

(5) 能正确操作机床各功能按键,并掌握该按键的功能和使用场景。

(6) 能结合精加工对象说明所选刀具的材质、类型及用途。

(7) 能识读零件图中的形位公差要求,并使用精密量具完成成型零件精度的检测工作。

(8) 能结合工艺卡片要求,合理制定对刀工艺,并使用对刀仪完成对刀操作。

(9) 能正确识读模具成型零件图,明确模具成型零件的尺寸精度和表面粗糙度要求。

(10) 能根据切削状态调整切削用量,严格遵守机床安全操作规程进行正确切削,加工质量达到零件图要求。

(11) 完成精加工后对成型零件进行质量自检判断,确保成型零件符合要求。

(12) 能对检测结果进行质量分析并说明超差原因,提出相应的改进措施。

项目描述

零件的精加工就是在机床上通过刀具与工件的相对运动切除毛坯上的余量层,以获得具有精确尺寸、形状、位置精度和质量要求的表面成型过程。

需要加工的零件如图9-1~图9-3所示,对应的精加工制造程序单如图9-4~图9-6所示。三个模具成型零件材料均为P20钢,要求根据任务实施内容,独立完成三个模具成型零件的精加工,加工质量达到模具CNC精加工要求,表面余量为0mm。

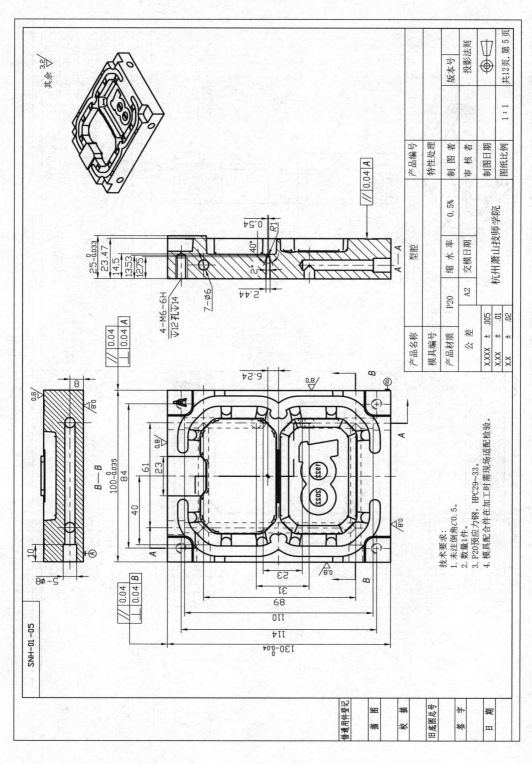

图 9-1 型腔图纸

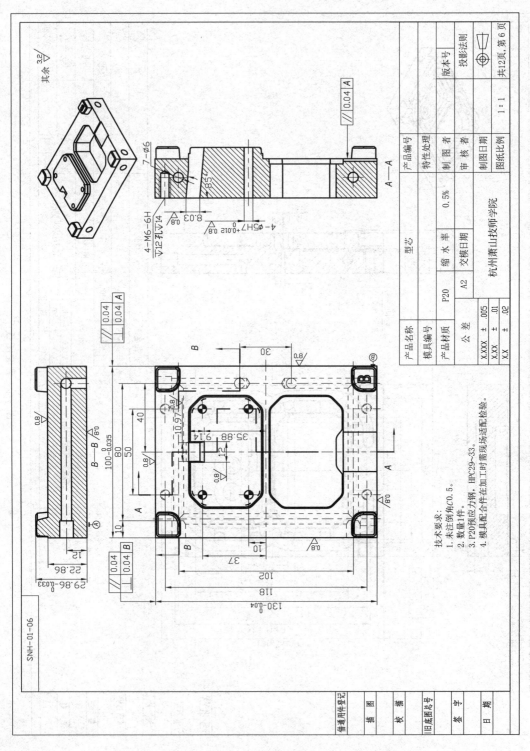

图 9-2 型芯图纸

项目九 收纳盒模具成型零件CNC精加工

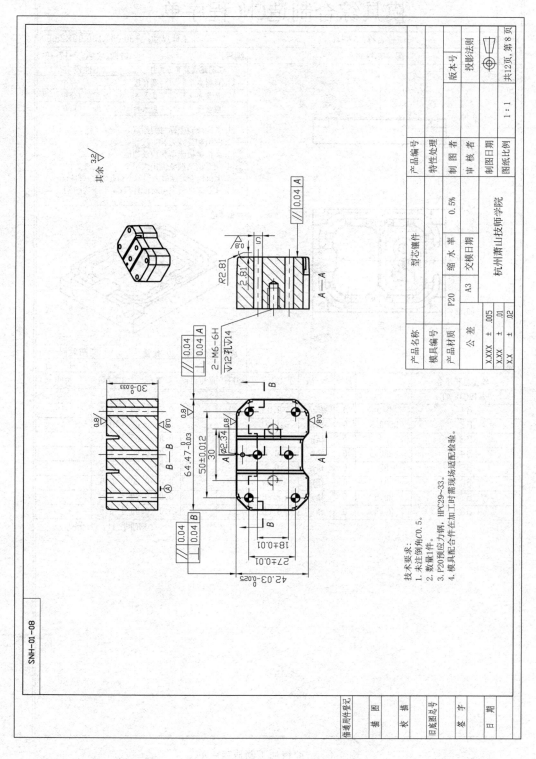

图 9-3 型芯镶件图纸

模具综合制造CNC程序单

审核确认：	工件名称：A板模仁		工件尺寸：130.00×100.00×25.00	
工序：	图 层：1		编程：	日期：2022-12-16

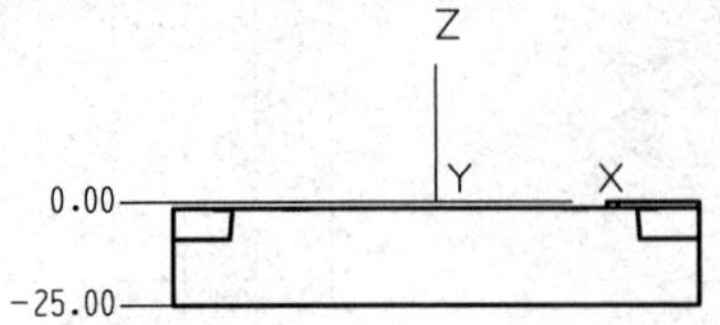

工艺建议装夹方式打√		工件设定	
虎钳夹	码仔压	X:	分中
爪盘夹	工装夹	Y:	分中
磁盘吸	胶水粘	Z:	顶部

注意事项：
1. 多次校验坐标对刀原点。
2. 图纸和公差刀补、尺寸必检。
3. 需根据机床调整攻丝数值。
4. 注意适当调整倒角大小。
5. 上机检查刀摆最大误差不得超0.02~0.05mm。
6. 注意工件方向或镜像件与ZY平面视图相反。

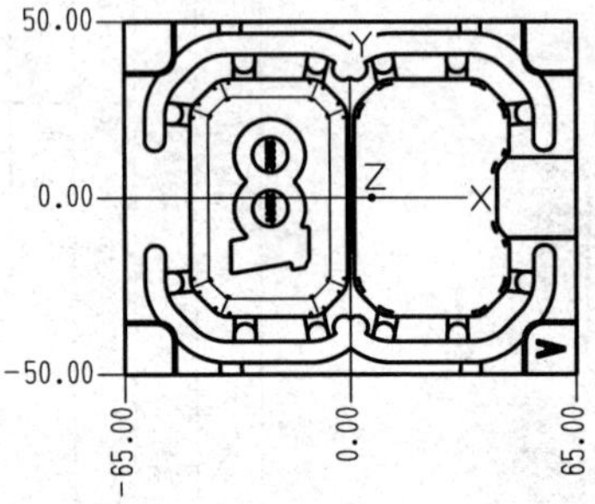

三维视图

俯视图

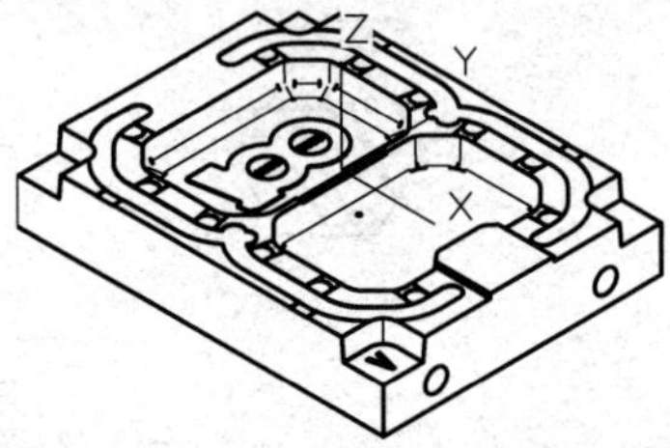

		统计实际时间		数量	交期时间	
					年 月 日	
输出总程序名	刀具	刀号	半/精	Z最深	刀长	最短刀长	侧/底	时间	说明
A板模仁精加工									
B1	D10	0	光平面	-9.03	11		0.20/0.00	2.4	
B2	D6R0.5	0	精光	-10.71	13		0.00/0.00	101.4	
B3	D4	0	精光	-9.54	12		0.00/0.00	8.4	
B4	D3R0.5	0	精光	-10.71	13		0.00/0.00	1.6	
B5	D2	0	精光	-10.71	13		0.00/0.00	2.3	
B6	D1	0	精光	-9.69	12		0.00/0.00	0.5	
B7	R0.5	0	精光	-2.28	4		0.00/0.00	0.5	
B8	R0.5	0	精光	-9.06	11		0.00/0.00	0.5	

总时间：117.6分钟

图 9-4 型腔精加工制造程序单

注：加工前先检测程序，若有疑问，第一时间向编程人员确认。注意装夹稳定性，不能有松动，保证工件旋转度、平行度、垂直度符合要求。注意工件的装夹高度、刀具的装夹长度，以及实际加工深度，避免刀具加工干涉。

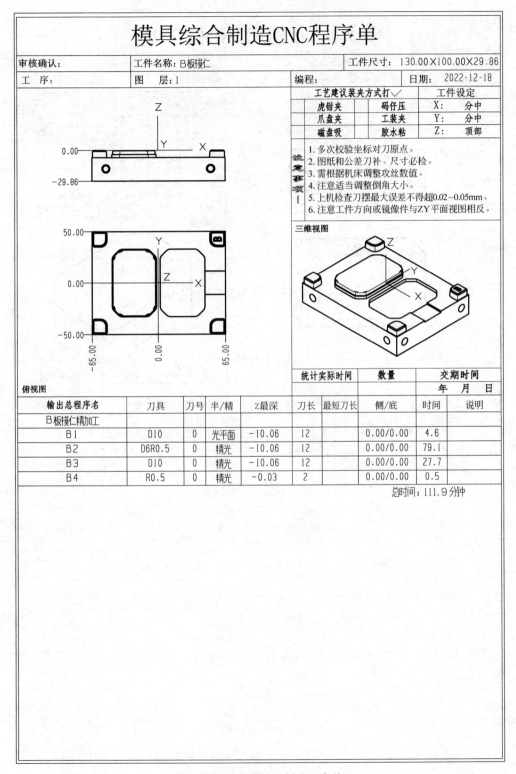

图 9-5 型芯精加工制造程序单

注：加工前先检测程序，若有疑问，第一时间向编程人员确认。注意装夹稳定性，不能有松动，保证工件旋转度、平行度、垂直度符合要求。注意工件的装夹高度、刀具的装夹长度，以及实际加工深度，避免刀具加工干涉。

模具综合制造CNC程序单

审核确认：	工件名称：B板镶件		工件尺寸：64.47×42.03×30.00	
工序：	图层：1		编程：	日期：2022-12-16

工艺建议装夹方式打√		工件设定	
虎钳夹	码仔压	X：	分中
爪盘夹	工装夹	Y：	分中
磁盘吸	胶水粘	Z：	顶部

键定正程

1. 多次校验坐标对刀原点。
2. 图纸和公差刀补、尺寸必检。
3. 需根据机床调整攻丝数值。
4. 注意适当调整倒角大小。
5. 上机检查刀摆最大误差不得超0.02~0.05mm。
6. 注意工件方向或镜像件与ZY平面视图相反。

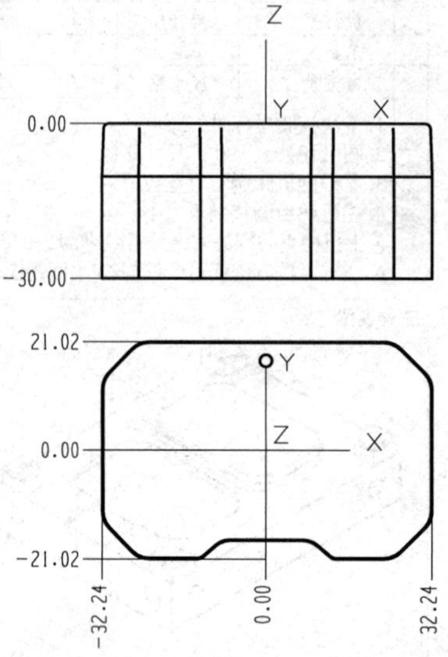

三维视图

俯视图

输出总程序名	刀具	刀号	半/精	Z最深	刀长	最短刀长	侧/底	时间	说明
B板镶件									
A1	D8	0	开粗	-10.20	12		0.10/0.10	3.1	
A2	R2	0	精光	-12.20	14		0.00/0.00	32.5	

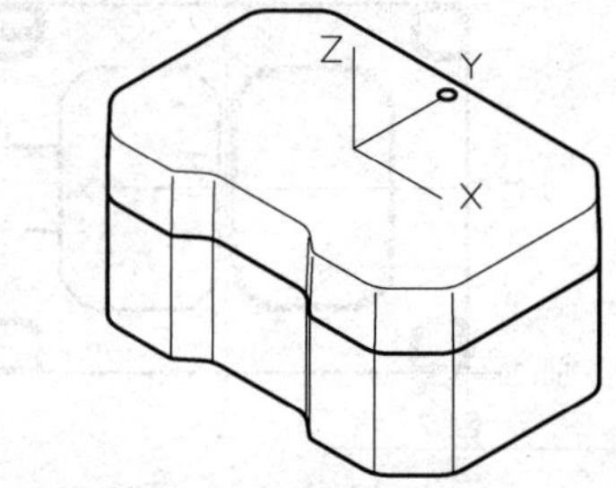

统计实际时间	数量	交期时间	
		年 月 日	

总时间：35.6分钟

图9-6 型芯镶件精加工制造程序单

注：加工前先检测程序，若有疑问，第一时间向编程人员确认。注意装夹稳定性，不能有松动，保证工件旋转度、平行度、垂直度符合要求。注意工件的装夹高度、刀具的装夹长度，以及实际加工深度，避免刀具加工干涉。

由于零件加工方法相似,本项目仅以型腔加工为例进行讲解。

项目流程

任务一	加工前的准备	(0.5课时)
任务二	加工前的工具检查以及材料的处理	(0.5课时)
任务三	工件的装夹	(0.5课时)
任务四	刀具的安装与对刀	(1课时)
任务五	启动机床加工	(0.5课时)
任务六	设备关机与保养	(0.5课时)
任务七	成型零件质量检测与评价	(0.5课时)

任务一 加工前的准备

(一)操作人员安全准备

数控 CNC 安全操作规程如下。

(1) 穿戴合适的工作服装,正确佩戴安全装备,如耐磨、防护、防滑鞋,眼镜和口罩等。长发应该束起来,不要佩戴首饰或其他杂物。需要注意操作 CNC 加工设备时不能戴手套。

(2) 加工前检查 CNC 机床的各个部位是否正常,如润滑系统、传动系统、夹具、刀具、控制系统等,确保没有任何杂物或异常状态。

(3) 加工操作过程中,不要用手或身体接触机器设备或加工件,以免造成伤害。同时注意不要让衣服、围裙、袖口等杂物夹到机器设备中。

(4) 加工过程中必须保持清醒,集中注意力,不要进行其他操作。

(5) 加工过程中,严禁离开机器设备,如确需离开应先停止机器设备的运转。

(6) 禁止未经授权的人员使用 CNC 机床。

(7) 在紧急情况下,应立即按下停止按钮,以保护机器设备和人身安全。

(二)工具准备

加工中所需工具如表 9-1-1 所示。

表 9-1-1 加工中所需工具

序号	名称	图例	规格	数量	功能	备注
1	数显游标卡尺			1	测量外径、内径、深度和阶梯等尺寸	保持清洁,定期校准

续表

序号	名称	图例	规格	数量	功能	备注
2	数显深度卡尺		量程 分辨力 精度 a mm b mm c mm d mm e mm L mm 0-150 0.01 ±0.03 100 21.5 2.5 14.5 3.5 230 0-200 0.01 ±0.03 100 21.5 2.5 14.5 3.5 280 0-300 0.01 ±0.04 100 21.5 2.5 14.5 3.5 380	1	测量深度和凹槽深度	保持清洁,定期校准
3	杠杆百分表		产品名称 杠杆百分表 产品材质 铝壳体 产品种类 指示针系列 分辨率 0.01mm 表面处理 铝合体喷漆 钢壳体镀铬	1	测量工件表面微小高度差,检测平整度、垂直度等几何精度	保持清洁,定期校准
4	磁性表座		规格型号 长度 宽度 高度 孔径 净重 T6 60mm 50mm 55mm 8mm 1.1kg T8 66mm 50mm 55mm 8mm 1.2kg T10 79mm 50mm 55mm 8mm 1.5kg T12 120mm 50mm 55mm 8mm 2.0kg	1	强磁吸附、灵活调整、快速装卸以及适应多种测量场景	避免高温、潮湿或强磁环境,定期检查和保养磁性表座以确保其性能稳定
5	硬质合金立铣刀 D8		涂层:TiSiN涂层 HRC:55° 螺旋角:35° 刃数:4刃 适用材料:不锈钢 铸铁 工具钢 合金钢 石墨 复合材料等 适用机器:CNC加工中心、雕刻机、精雕机等高速机	1	铣削加工	根据切削条件选择合适的规格
6	硬质合金立铣刀 D16 R0.8		涂:古铜色涂层 刃数:4刃 切削硬度:HRC58° 螺旋角:35° 适用材料:45#钢、铸铁、工具钢、磨具钢硬58度以内材料 适用机器:CNC加工中心、精雕机等高密度数控铣床	1	铣削加工	根据切削条件选择合适的规格

续表

序号	名称	图例	规格	数量	功能	备注
7	硬质合金立铣刀 D6 R0.5		涂层：古铜色涂层　刃数：4刃 切削硬度：HRC58°　螺旋角：35° 适用材料：45#钢、铸铁、工具钢、模具钢等58度以内材料 适用机器：CNC加工中心、精雕机等高速数控铣床	1	铣削加工	根据切削条件选择合适的规格
8	ER数控刀柄		▪产品名称：ER数控刀柄　材质：42CrMo ▪精度级别：G2.5级　型号：BT30/40/50 ▪产品硬度：>HRC56°　转速：10000 RPM ▪动平衡转速：30000 RPM	4～5	连接切削刀具和机床，固定刀具	选择与刀具匹配的刀柄
9	高精筒夹		品名：高精筒夹ER系列　硬度：44～48HRC 材质：65Mn　夹持范围：1～20mm 精度：0.008mm 优点：夹紧力大，夹持范围广，规格齐全，精度高 适用于铣/镗/钻/丝攻/CNC/雕刻机/主轴机等加工	3	固定切削刀具，保证刀具的稳定性和精度	选择与刀具直径匹配的夹套
10	一体化磁台		(规格表)	1	固定工件，提高加工精度	根据工件尺寸选择合适的规格
11	护目镜		通用型	1	防止飞溅物伤害眼睛	佩戴时确保舒适、合适

续表

序号	名称	图例	规格	数量	功能	备注
12	工作服		个人尺寸	1	防止身体被切削液、火花等污染或损伤	选择合适的尺寸和材质
13	劳保鞋		个人尺寸	1	防止脚部被重物砸伤或滑倒	选择合适的尺寸和防护性能

(三) 设备开机环境检查

(1) 检查机床周围 1m 范围内有无干涉机床正常操作的杂物,地面与机床是否整洁。若有油污或碎屑需在开机前进行整理清洁,避免工作时滑倒,干涉正常操作。

(2) 检查垫脚卡板是否稳固,有无明显倾斜。

(3) 检查机床同附属零件之间电源线有无零乱现象。

(4) 数控铣床、加工中心机床要求有配气装置,因此在开机前应该先打开供气阀门供气。供气时,可以通过机床后面气压表的压力来判断气压是否正常,加工中心机床所需气压一般为 0.4~0.6MPa。

(5) 检测润滑油是否正常,润滑油油位处于最大值和最小值之间为正常。如果油液太少,在使用机床过程中,会对机床有一定的损害,因此需要及时添加滑油后到合适位置,再进行下一步操作。

(四) CNC 机床的开机

(1) 打开机床后面的机床电源总开关,这时机床通 380V 高压电,机床后面配电柜开始运转。

(2) 接通系统电源,按操作面板开机按钮 ON,机床系统开始启动。需要注意系统在启动过程中,不允许按机床面板上任何按键,以防止误操作,删除机床系统内部参数。

(3) 机床显示屏显示坐标画面时,机床显示急停报警信息,这时轻轻向右旋合红色急停按钮,急停按钮弹起。

(4) 按下操作面板上 RESET 键,消除机床报警,系统复位。

（五）机床原点复位操作

（1）打开机床防护门，观察主轴所在位置有无干涉。

（2）将快速进给倍率设置在50%以下。

（3）按下回零键，按照顺序先回Z轴。

（4）待Z轴回原点后再回Y轴、X轴。

（5）使XYZ的机械坐标显示分别为X0Y0Z0，此时已完成开机，可进行其他操作。开机时必须进行回零操作，否则坐标数值是随机的。

（6）检查各轴是否正常回零，完成机器回零操作。

任务二　加工前的工具检查以及材料的处理

（一）检查工具

（1）仔细检查数控铣刀具的磨损情况、直径和长度等参数是否符合要求，确保数控铣刀具可以正常工作。

（2）检查数控铣刀具硬度是否达到加工型腔的要求，确保数控铣刀具可以正常工作。

（3）检查夹套是否损坏、变形或松动，如有问题应及时更换或修复。

（4）检查工量具，包括数显游标卡尺、数显深度卡尺等，确保其精度符合要求，可靠可用。

（二）材料的检查与处理

（1）使用数显游标卡尺检查材料尺寸大小是否达到需要的尺寸。

（2）检查材料是否锐角倒钝，如无则使用锉刀对材料进行锐角倒钝处理同时去除毛刺。没有经过锐角倒钝的材料边缘比较锋利，手拿时需要注意安全。

（3）使用细油石推拉工件表面做简单的毛刺去除，然后使用干净的毛巾去除表面油污，保证工件没有多余的油污以及毛刺。

任务三　工件的装夹

（一）磁台安装

（1）安装磁台之前，首先确保机床工作台表面清洁，无铁屑、油污等杂物。

（2）安装前，检查磁台表面是否平整，确认磁力开关可正常工作。

（3）将磁台放置在机床工作台上，确保磁台与工作台之间的接触充分且平整。对于较重的磁台，可以使用起重设备或多人协助将其放置到位。

（4）调整磁台的位置，使其与工作台边缘平行。使用水平尺检查磁台的水平性，如有必要，可以在磁台底部垫铁调整水平。

（5）使用T形螺栓和螺母将磁台固定在机床工作台上，注意不要过紧，以免损坏磁台。

（6）将百分表与表座磁吸在主轴上，检测磁台上表面是否平整。

（7）安装完成后，通过开启磁力开关测试磁台的磁力。可以使用一个磁性较强的小工件进行测试，确保磁力足够且均匀分布在吸盘表面。

（二）工件装夹及校正

（1）将工件和磁台清除干净，去除表面污垢和油脂等杂质，以确保工件能够紧密贴合磁台表面。

(2) 将工件放置在磁台上,调整位置和方向,使其符合加工要求,并用手轻轻按压,使其紧贴磁台。

(3) 将百分表和主轴清洁干净,去除表面污垢和油脂等杂质,以确保百分表能够紧密磁吸在主轴表面,并将其安装在主轴尾部。

(4) 将百分表底座长方向平行主轴安装,打开磁性开关,安装后轻轻摇晃确认磁吸牢靠。

(5) 用手轮操作机床向下移动机床主轴,让百分表置于工件上方 10mm 左右位置。

(6) 缓慢移动 Z 轴向下 15mm 左右位置。

(7) 打平工件 X 轴方向位置,移动 Y 轴预压缩百分表 3~5 圈。

(8) 左右移动 X 轴,保证百分表在工件表面范围内移动,观察表针转动方向判断平口钳往哪个方向位移较多,使用铜棒控制指针移动在 0.01mm 范围内,这时将工件 X 方向打正。

(9) 用同样的方法打平工件 Y 轴方向,检查工件上表面的平行度。

(10) 如无问题,打开工作台磁吸开关吸附工件。

(11) 使用百分表检查磁吸锁紧的工件位置是否摆正,打表是否正确。有问题则松开磁吸开关重复上述打表操作,如无问题,则通过手轮操作主轴正确退出百分表。然后将其取下,维护、保养、收起。完成工件校正操作。

注意事项:

使用百分表时一定要轻拿轻放,不可以直接用表的触头撞击测量表面,以防止损坏百分表。校正时要先将百分表固定在磁性表座上,然后旋转手轮,使表的触头慢慢接触被测表面。

任务四 刀具的安装与对刀

(一) 刀具安装

(1) 根据刀具的形状和大小选择合适的夹套。

(2) 将分中棒或刀具装入弹簧夹套中。注意安装的夹持长度,确保刀杆与夹具的接口处紧密贴合。

(3) 将螺帽手动旋入刀柄主体中;将带刀具的刀柄放置在锁刀座中;使用扳手旋紧螺帽。

(4) 使用卡尺等工具检查刀杆装夹的长度和直径,以确保刀具可以正确加工。

(5) 安装完成,检查数控铣刀具是否夹紧,刀具伸出长度是否合理,有无撞刀风险。检查无误后整理好工量具,摆放整齐。

注意事项:

(1) 在满足加工要求的情况下尽量减小刃具悬长。

(2) 不要空锁螺母(不插入刃具而锁紧螺母)。

(3) 锁紧或松开时应使用专用的、尺寸对应的扳手,尤其在锁紧时,锁到螺母上端面与法兰面下部或刀柄本体下端面接触即可。

(4) 不要使用柄部有伤痕的刃具。

(5) 使用刃具的柄径一定要在夹套的夹持范围内。

(6) 装刀时，不要夹持到刀具的刃部，不要用手接触刀刃。

(二) 数控铣对刀

(1) 将装有分中棒的刀具安装到主轴上。

(2) 用手指轻压测定子的侧边，使其偏心约 0.5mm。

(3) 在机床 MDI 模式下输入 M03S500 使其以 400~600r/min 的速度转动。

(4) 快速移动工作台和主轴，让寻边器测头靠近工件的左侧。

(5) 改用手轮操作，让测头慢慢接触到工件左侧，缓慢地触碰移动，直到目测寻边器的下部侧头与上固定端面重合。

(6) 目测定子不会振动，宛如静止的状态接触，如果此时稍加外力，测定子就会偏移出位，此处滑动的起点就是所要求的基准位置。将机床坐标设置为相对坐标值显示，操作面板使当前相对位置 X 坐标值为 0。过程中不能移动 Y 轴。

(7) 抬起寻边器至工件上表面之上，快速移动工作台和主轴，让测头靠近工件右侧。

(8) 用同样的方法测出右边数据并记录数值，除以 2。抬起寻边器至工件上表面之上，将 X 轴移动到算出的距离，在 G54 中存入按照加工程序给出的坐标，对刀数据一定要存入与程序对应的存储地址，防止因调用错误而产生严重后果。

(9) 在 G54 X 轴对刀数据位置输入 X0.0 单击测量，完成 X 轴的对刀操作。

(10) 用同样的方法测量 Y 方向。

(11) 在主轴停止的情况下卸下寻边器，将加工所用刀具装上主轴。

(12) 准备一把直径为 10mm 的刀具用以辅助对刀操作。

(13) 快速移动主轴，让刀具端面靠近工件上表面低于 10mm，即小于辅助刀柄直径。

(14) 改用手轮微调操作，用辅助刀柄在工件上表面与刀具之间平推，用手轮微调 Z 轴，直到辅助刀柄刚好可以通过工件上表面与刀具之间的空隙。移动 Z 轴时不能进行平推操作，需要确保主轴移动完毕再进行平推操作。此时的刀具断面到工件上表面的距离为一把辅助刀具的距离 10mm。

(15) 将位置记录在 G54 坐标位置，在 Z 轴位置输入 Z10.0 单击测量。这里按照对刀时所使用的辅助刀杆的直径。

注意事项：

(1) 对刀时需小心谨慎作，尤其要注意移动方向，避免发生碰撞。

(2) 对 Z 轴时，微量调节一定要使 Z 轴向上移动，避免向下移动时使刀具、辅助刀柄和工件发生碰撞，造成损坏刀具，甚至出现危险。

(3) 对刀数据一定要存入与程序对应的存储地址，防止因调用错误而产生严重后果。

任务五　启动机床加工

机床加工过程如下。

(1) 传输程序之前，检查程序的正确性，包括语法错误、刀具路径、切削参数等。可以使用模拟软件模拟加工过程，确保程序正确无误，并填写表 9-5-1。

表 9-5-1 加工工序卡

工位编号：　　　　　加工人员：　　　　　审核确认人：

序号	程序名	加工方式（轨迹名称、粗、半精、精）	刀具参数		主要加工参数			走刀方式
			刀具直径	刀角半径	行距或间距	加工余量	Z向加工余量	

（2）将编写完成的程序以正确的文件格式（通常为.NC）保存在计算机或专用编程设备中。

（3）根据数控铣床的接口类型和配置，选择合适的程序传输方式。常见的传输方式包括卡传、USB接口、以太网接口、无线局域网等。

（4）确保数控铣床已连接到数据传输设备（如计算机或专用编程设备）。

（5）在计算机或专用编程设备中选择要传输的程序文件，使用相应的数据传输软件将程序发送至数控铣床。

（6）在数控铣床上，检查接收到的程序是否完整且无误。如有错误，需重新发送。

（7）将接收到的程序存储到数控铣床的内存中，并分配一个唯一的程序编号以供后续调用。

（8）在数控铣床上，通过输入相应的程序编号调用刚刚传输并存储的程序，准备进行加工。

（9）在实际加工前，再次确认刀具、夹具、原材料等加工条件是否符合程序要求。如有问题，需进行调整。

（10）关闭防护门，在机床上调出加工程序，将快速进给倍率调整到30%以下。

（11）按下"自动"按钮，再按"手轮单段"按钮，此时两按钮指示灯亮，再按"循环启动"按钮。

（12）观察机床运行轨迹是否与程序相符；根据机床运行情况检查加工坐标系原点数据是否正确。

（13）开始加工后，开启冷却液系统，加工材料为钢材，选择切削液冷却方式。

（14）通过观察检查确认没有其他影响加工的问题。

（15）取消"单段"，按"循环启动"按钮开始加工。

（16）加工过程中不能离开机床，关注加工进程，同时靠声音判断刀具是否磨损，参数是否正确，用倍率开关进行调整。加工声音低沉为较正常的加工。

（17）加工完成后不着急拆卸工件，先检查工件是否有遗漏加工位置或加工错误的地方。如无则松开磁吸，取下工件。

（18）完成加工后清理机床、刀具、平口钳、工件。

注意事项：

启动加工时不能离开机床，应时刻注意主轴动向，保证正常加工，将进给倍率置于100%，同时靠声音分辨加工是否正常，及时调整加工进给及转速倍率，如发现问题迅速按下"急停"按钮。

任务六 设备关机与保养

设备关机步骤如下。
(1) 清洁机床,取下机床上的刀具和刀库里的刀具。
(2) 采用手动方式将 XYZ 各坐标轴分别远离机床零点,主轴下降到安全位置,工作台移到中间位置,使工作台重心平衡。
(3) 将进给按钮向左旋合到 0% 位置处。
(4) 轻轻按下红色急停按钮,机床处于急停报警状态。
(5) 关闭系统电源,按下操作面板 Power OFF 按钮,关闭系统电源。
(6) 关掉电源总开关。
(7) 关闭高压气阀门,使高压气处于关闭状态。

任务七 成型零件的质量检测与评价

型腔三坐标检测流程如下(图 9-7-1)。

(一) 准备工作
(1) 确保三坐标检测设备周围环境干净、无尘,避免因环境因素影响测量精度。
(2) 检查三坐标检测设备是否正常运行,校准设备,确保其精度满足检测需求。
(3) 对模具零件进行清洁,去除表面污垢和油污,避免影响测量结果。

(二) 安装模具零件
(1) 将模具零件放置在测量台上,使用专用夹具固定,确保零件在测量过程中不会移动。
(2) 根据零件的特点选择合适的探头,装载到三坐标检测设备上。

(三) 设定检测参数
(1) 在检测软件中输入模具零件的设计数据,如尺寸、公差等。
(2) 设定测量路径和策略,根据零件的形状和特点选择合适的测量方法。

(四) 开始检测
(1) 启动三坐标检测设备,按照设定的测量路径和策略进行自动测量。
(2) 在测量过程中,实时监控设备运行状态,确保测量过程正常进行。

(五) 数据处理与分析
(1) 将测量得到的数据与设计数据进行对比,判断模具零件是否满足设计要求。
(2) 对不符合要求的部分进行分析,找出可能的原因,为后续优化模具生产提供依据。

(六) 出具检测报告
(1) 汇总测量结果,编制检测报告,对符合要求的零件进行合格标识。
(2) 将检测报告交给相关负责人,为后续生产和质量控制提供参考。

(七) 清理与维护
(1) 关闭三坐标检测设备,对设备进行清洁和维护,以保证设备长期稳定运行。
(2) 整理测量现场,将模具零件、夹具等归位存放。

检测后填写质量检测表,检测项目如表 9-7-1 所示。

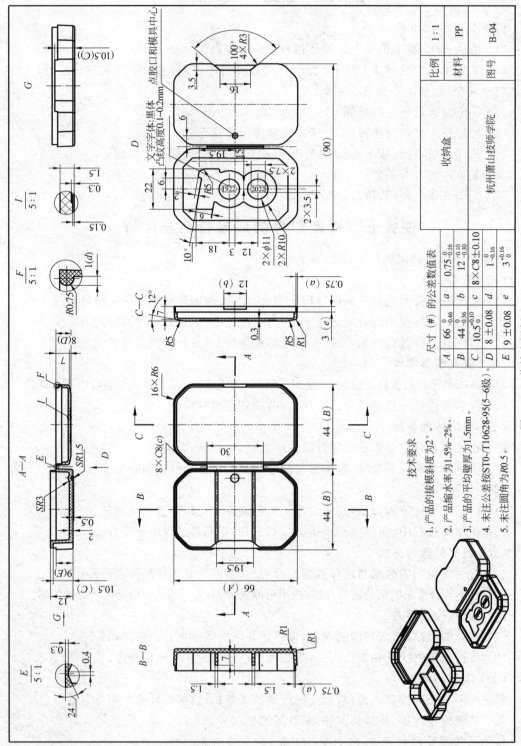

图 9-7-1 收纳盒图纸

表 9-7-1　质量检测表

模　块			三坐标主要成型零件精度及加工表面质量		
评分要素	配分	分值	评分标准		得分
型腔：外成型面、型腔尺寸检验（优先以设计的数模为理论值）	40	20	A～E 两个型腔相应尺寸的检验		
		20	a～e 两个型腔相应尺寸的检验		
型芯：内成型面、型芯尺寸检验（优先以设计的数模为理论值）	10	5	插穿、内型拔模斜度的测量		
		5	优化内部结构		
型腔、型芯曲面分型面形位公差检验（优先以设计的数模为理论值）	20	10	型腔分型曲面轮廓度检测		
		10	型芯分型曲面轮廓度检测		
成型面粗糙度（粗糙度仪测量）	20	10	型腔型面		
		10	型芯型面		
型芯分型面粗糙度（粗糙度仪测量）	10	10	大分型面		
合计配分	100		合计得分		

指导教师（签名）：　　　　　　　　　　　日期：　　　年　月

填写完成质量检测表后完成表 9-7-2 的填写。

表 9-7-2　安全文明生产表

模　块		安全文明生产		
评分要素	配分	评分标准	现场记录	实际得分
设备操作规范	15	严格按照《数控机床安全操作规程》《钻床安全操作规程》等操作数控机床、台钻与顶杆切割机等设备（10 分）	严格按规范操作，如有违反，每次扣 3 分	
工具操作规范	10	正确操作各类工具（10 分）		
遵守时间要求	10	严格遵照规定时间完成（10 分）	超过 2 分钟扣 5 分，每多超过 3 分钟扣 5 分，超过 30 分钟成绩作废	
遵守纪律	10	服从指挥情况（10 分） 一次扣 5 分	超过 10 分成绩作废	
撞刀情况	10	撞刀（违反 1 次扣 10 分）	超过两次成绩作废	
损耗情况	10	断刀（大于 ϕ3mm 违反 1 次扣 5 分），两次不得分		
文明生产情况	15	刀具、工具、量具的正确摆放规范（违反 1 次扣 1 分） 工装夹具、刀具、清扫工具等规范放置（违反 1 次扣 1 分） 结束后打扫环境卫生、清扫机床，未按要求清理工位和机床（扣 5 分）		

续表

评分要素	配分	评分标准	现 场 记 录	实际得分
安全生产情况	20	按照规范要求着装(不穿劳保鞋扣2分、不戴防护镜扣2分、不穿工作服扣2分等) 是否出现违反安全生产的行为(5分) 出现戴手套对刀、主轴未停时装夹工件、身体站跨在工作台上等情况,取消本次成绩		
总分		100		

指导教师(签名):　　　　　　日期:　　年　月　日

思考练习

(1) 为什么在加工过程中会出现工件毛刺或烧焦的现象?

(2) 如果加工过程中断刀该如何解决?

(3) 如何维护和保养数控铣床,以延长其使用寿命并保持良好的加工效果?

总结提升

(1) 在加工操作中,最需要注意哪些安全措施?有哪些经验或技巧可以分享?

(2) 在实际加工过程中遇到了哪些问题?又是如何解决的?

(3) 分析加工过程中的瓶颈和不足,并设计一套优化方案。

(4) 在数控铣床 CNC 加工操作中,最需要注意哪些关键要点?为什么?

项目十 收纳盒模具零件电火花加工

Project 10

项目目标

通过对电火花加工原理、设备操作方法的学习,完成模具零件的电火花加工。掌握模具零件电火花的加工步骤和工艺,会正确选择和使用电火花设备、电极材料以及工具、量具。能严格遵守企业管理操作规程、常用量具的保养规范、"8S"管理制度要求并执行加工任务。

(1) 能正确识读零件图,分析、梳理电火花加工前有哪些准备工作。

(2) 了解电火花设备各个功能按键的功能和使用场景。

(3) 能结合加工对象正确选择所选电极的材质并说明原因。

(4) 能合理选择电火花加工的电极安装和对刀方式,并正确进行操作。

(5) 能正确识读模具零件图,明确模具零件的尺寸精度和表面粗糙度要求。

(6) 能根据加工状态调整电火花加工参数,加工质量达到零件图要求,每个步骤完成后自主进行检查,保证加工精度。

(7) 完成加工后对成型零件进行质量自检,判断成型零件是否在本道工艺中合格。

(8) 能对检测结果进行分析,并说明超差原因。

(9) 具有质量意识、环保意识、安全意识、信息素养、工匠精神和创新思维,不断提升自身能力,追求工作的卓越品质。

项目描述

电火花加工是一种非传统的加工技术,适用于加工硬度较高、形状复杂的模具零件。本项目通过分析图纸,确定需要进行电火花加工的部位。项目内容包括电火花加工设备的开机操作、操作前的准备工作、电极设计与制作、正确设置电火花加工参数、加工过程控制、加工质量检测以及周期性维护等。

需要加工的零件如图纸10-1所示,型腔为P20钢。根据零件尺寸和形状,根据具体需要独立完成型腔和型芯的电火花加工,加工质量达到图纸要求。

由于零件加工方法相似,本项目仅以型腔加工为例进行讲解。

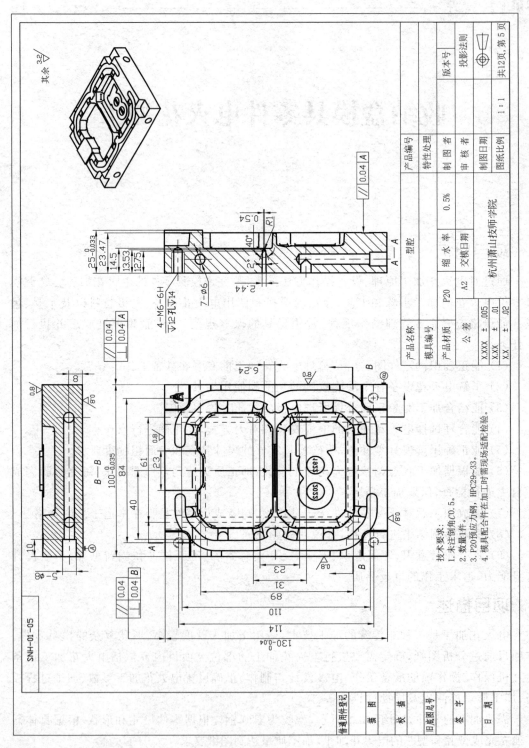

图 10-1 型腔图纸

项目流程

任务一　电火花设备的开机及加工前的准备工作　（1课时）
任务二　加工前的工件测量以及加工深度的确定　（1课时）
任务三　电极的安装　　　　　　　　　　　　　（1课时）
任务四　工件装夹　　　　　　　　　　　　　　（1课时）
任务五　工件对刀及加工　　　　　　　　　　　（1课时）
任务六　电火花机床关机与维护　　　　　　　　（1课时）

任务一　电火花设备的开机及加工前的准备工作

（一）操作人员安全准备

学习磨床安全操作规程如下。

（1）在操作电火花加工设备之前，务必熟悉设备的各个组成部分及功能，了解正确的操作流程以及可能出现的故障和应急措施。

（2）开机之前应对设备进行全面检查，确保各部件完好无损；检查电气系统的接线、开关是否正常，冷却系统等辅助系统的运行状况良好。

（3）在操作过程中，务必穿戴适当的个人防护用品，如防护眼镜、劳保鞋等，以确保操作人员的安全。

（4）及时清理电火花加工过程中产生的废弃物，保持工作场地干净整洁，防止滑倒等意外发生。

（5）根据加工材料和工件要求，合理设置放电参数，如电压、电流、脉冲时间等，防止因参数设置不当导致的设备损坏或事故发生。

（6）在操作过程中，应严格按照设备操作规程进行，不得随意操作或违规操作。

（7）保持良好的通风，防止有毒气体积聚；确保加工区域照明充足，方便操作人员观察加工情况。

（8）在设备发生故障或需要维修时，及时切断电源，按照规定的停机和维修程序进行操作。

（9）操作人员应进行定期的安全培训和教育，确保熟知安全操作规程，提高安全意识。

（二）工具准备

加工中所需工具如表10-1-1所示。

表10-1-1　加工中所需工具

序号	名称	图例	规格	数量	功能	备注
1	数显游标卡尺		量程 150mm 200mm 300mm 产品重量 205g 228g 281g 总长度 236mm 289mm 391mm 外径测量爪长度 40m 48m 60m 内径测量爪长度 16mm 19mm 21mm 深度尺宽度 3.5mm 3.5mm 3.5mm	1	测量外径、内径、深度和阶梯等尺寸	保持清洁，定期校准

续表

序号	名称	图例	规格	数量	功能	备注
2	数显深度卡尺			1	测量深度和凹槽深度	保持清洁，定期校准
3	杠杆百分表			1	测量工件表面微小高度差，检测平整度、垂直度等几何精度	保持清洁，定期校准
4	磁性表座			1	强磁吸附、灵活调整、快速装卸以及适应多种测量场景	避免高温、潮湿或强磁环境，定期检查和保养磁性表座以确保其性能稳定
5	内六角扳手			1	在磨床操作中，内六角扳手通常用于调整和固定磨床上的部件，如夹具、导轨等	在使用内六角扳手时，要确保扳手与螺丝头完全契合，避免滑扳或损坏螺纹
6	一体化磁台			1	固定工件，提高加工精度	根据工件尺寸选择合适的规格

续表

序号	名称	图例	规格	数量	功能	备注
7	护目镜	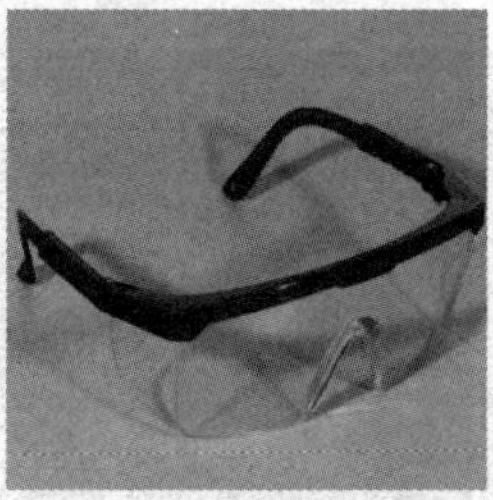	通用型	1	防止飞溅物伤害眼睛	佩戴时确保舒适、合适
8	工作服		个人尺寸	1	防止身体被切削液、火花等污染或损伤	选择合适的尺寸和材质
9	劳保鞋		个人尺寸	1	防止脚部被重物砸伤或滑倒	选择合适的尺寸和防护性能

(三) 设备开机环境检查

(1) 检查机床周围1m范围内有无干涉机床正常操作的杂物、地面与机床是否整洁。若有油污或碎屑需在开机前进行整理清洁,避免工作时滑倒、干涉正常操作,如图10-1-1所示。

(2) 开机前,应将工具、量具、工件摆放整齐,清除所有妨碍设备运行和作业活动的杂物,如图10-1-2所示。

(3) 检查电源线、接线端子和电气元件是否完好、接触良好;确认开关、按钮和指示灯是否正常。

(4) 检查各部件是否有松动、磨损等现象;确认润滑系统是否正常,各部件是否润滑良好。

(5) 检查冷却系统管路是否畅通,有无堵塞、泄漏等现象;确认冷却液液位是否足够,如图10-1-3所示。

(6) 确认工作台是否清洁、完好,有无损伤和松动现象,如图10-1-4所示。

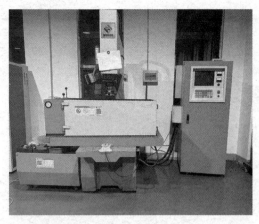

图 10-1-1 检查机床环境

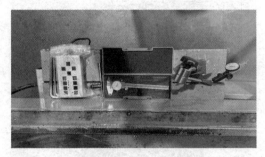

图 10-1-2 工具、量具摆放

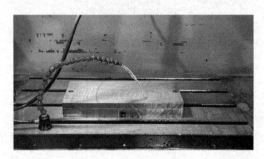

图 10-1-3 冷却液检查

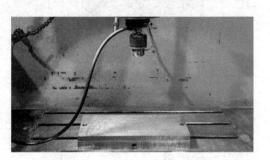

图 10-1-4 确认工作台状况

（四）电火花设备开机

（1）找到电火花设备的主电源开关，通常位于设备后部或侧面。将主电源开关拨至"ON"位置，设备进入待机状态。一般情况下，设备上的指示灯会亮起，显示设备已接通电源，如图 10-1-5 所示。

（2）设备通电后，松开"急停"开关，开启电火花机床，检查各个部件的工作状态是否正常，如图 10-1-6 所示。

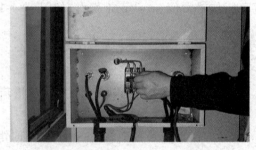

图 10-1-5 主电源开启

图 10-1-6 松开"急停"开关

（3）查看设备控制面板或显示屏上的信息，确认设备处于待机状态。检查各个轴向运动部件是否正常，确保无卡滞现象。

(4)完成电火花设备的开机,如图10-1-7所示。

图10-1-7 完成开机

相关知识

(一)认识电火花加工

电火花加工又称电蚀加工,是一种利用电火花放电原理对金属材料进行加工的非传统加工方法。它通过在工件与电极之间产生脉冲电压,使放电间隙中的介质发生击穿,形成电火花放电,从而使工件表面的金属被熔蚀切除,达到加工的目的。

电火花加工具有以下特点。

(1)适用性广泛。适用于硬度较高、韧性较大、导电性能良好的金属材料,包括硬质合金、高速钢、热处理钢等,特别是一些难以采用传统加工方法进行加工的复杂形状零件和模具。

(2)高精度与良好的表面质量。电火花加工可以实现较高的加工精度,同时,由于电火花加工是非接触加工,因此加工后的表面质量较好,热影响区较小。

(3)可用于薄壁及脆性材料加工。由于电火花加工无机械力作用,因此适用于薄壁部件及脆性材料的加工,可减少零件变形和破损的风险。

(4)低加工效率。相较于传统的切削加工,电火花加工的效率较低,通常用于精密零件、模具等要求较高的加工场合。

(二)电火花加工原理

(1)放电间隙。在电火花加工过程中,工件与电极之间需要维持一定的间隙,称为放电间隙。放电间隙内充满了工作液,通常为去离子水或油类介质,具有一定的绝缘性。

(2)脉冲电压。电火花加工设备会在工件与电极之间施加脉冲电压。当脉冲电压达到一定幅值时,放电间隙内的工作液分子被电离,形成等离子体,使放电间隙的电阻急剧降低,发生击穿现象。

(3)电火花放电。在放电间隙发生击穿后,电火花放电产生,形成高温高压的等离子区。此时,放电间隙内的温度可达到 8000~12000K(1K = -272.15℃),压力可达到 2000~4000atm。在这样的高温、高压作用下,工件与电极表面的金属被熔化或汽化,形成微小的熔蚀坑。

(4)材料移除。经过多次电火花放电,工件表面的金属逐渐被熔蚀、汽化并移除。在此过程中,电极也会出现一定程度的磨损,需要通过选择合适的电极材料和工艺参数来减小磨损。

(5) 工作液循环。电火花放电过程中产生的金属熔滴和气体需要通过工作液的循环冲洗排出放电间隙。工作液不仅负责冲洗杂质，还具有冷却、绝缘的作用。工作液的循环和过滤对于保持放电间隙的稳定性和提高加工质量至关重要。

（三）电火花机床的组成

（1）机床主体。机床主体包括床身、立柱、横梁、滑台等结构件，用于支撑并保持电极和工件之间相对位置的稳定。

（2）电极和夹具。电极用于与工件之间产生电火花放电，根据加工方式和工件形状，电极可以是金属丝、圆柱形或其他形状。夹具用于固定电极，确保其在加工过程中的稳定性。

（3）工作台和工件夹具。工作台用于放置工件；工件夹具用于固定工件，保证工件在加工过程中的稳定性。

（4）电源系统。电源系统为电火花加工提供所需的脉冲电压。电源系统会根据设定的加工参数，调整脉冲电压的大小、脉冲间隔和占空比等，以满足不同的加工需求。

（5）控制系统。控制系统负责控制电火花加工过程中的各个参数，如电压、电流、放电间隙、进给速度等。现代电火花机床通常采用数控技术，可以实现自动编程、加工和检测。

（6）供给和过滤系统。供给和过滤系统负责将工作液（如去离子水或油类介质）输送到放电间隙，并对工作液进行循环过滤。工作液在加工过程中起到冷却、冲洗和绝缘的作用。

（7）导轨和传动系统。导轨和传动系统负责实现电极和工件之间的相对运动。常见的传动方式有丝杠传动、滚珠丝杠传动等。传动系统由伺服电机驱动，实现精确的位置控制。

任务二　加工前的工件测量以及加工深度的确定

具体操作流程如下。

（1）在测量工件前应确保工件表面清洁，无油污、锈迹或划痕。可以使用刷子、布或喷剂去除表面杂质。

（2）根据工件的尺寸和形状选择合适的测量工具。常用的测量工具包括卡尺、千分尺、高度卡尺等。

（3）使用测量工具测量工件的各个尺寸，如长度、宽度、高度、孔径、槽宽等。测量时应确保测量数据准确无误，如图10-2-1和图10-2-2所示。

图10-2-1　厚度检测

图10-2-2　深度检测

（4）将测量得到的数据记录在纸上或计算机里，以备后续计算加工深度时使用。根据加工要求，计算所需的加工深度，如图10-2-3所示。

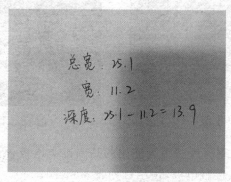

图10-2-3 计算深度

（5）检测上述操作计算得出的数据是否正确，并记录正确的数值。

任务三　电极的安装

具体操作流程如下。

（1）检查并准备好前面加工完成的电极。因为电极加工过程中会有损耗，所以这里加工一个锥度点浇口，需要用到一粗一精两个电极。

（2）检查电极尺寸、形状和表面质量是否符合加工要求，符合则进行下一步工作，如图10-3-1所示。

（3）关闭加工时电压，确保电火花设备处于安全状态，然后打开设备防护罩，如图10-3-2所示。

图10-3-1 检查电极

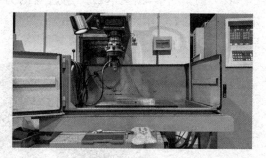

图10-3-2 打开防护罩

（4）清洁电极表面，确保无油污、锈迹或划痕。可以使用刷子、布或喷剂去除表面杂质。电极表面的质量会影响加工效果。

（5）根据加工要求，将电极装入电极夹。首先安装粗电极，调整夹紧力，使电极预紧。注意确保电极与夹具之间的接触良好，以保证导电性能和稳定性，如图10-3-3所示。

（6）在工作台上安装准备好的杠杆百分表，使用电控盒用于调整电极位置，如图10-3-4和图10-3-5所示。

图 10-3-3　安装电极

图 10-3-4　安装杠杆百分表

（7）开始测量电极的垂直度。因为使用的是圆锥类电极，所以仅需测量 Z 方向的垂直度。将杠杆百分表测头接触电极，预压百分表 3～5 圈。

（8）使用电控盒上下缓慢移动电极，观察杠杆百分表上的读数，根据读数不断调整电极，确保电极垂直度在允许范围内，如图 10-3-6 所示。

图 10-3-5　调整杠杆百分表位置

图 10-3-6　调整电极垂直度

（9）调整完毕，锁紧电极。用适当的力量拧紧夹具螺丝，确保电极在加工过程中稳定，如图 10-3-7 所示。装夹完成后，需要重新测量一次电极的垂直度，以确保在锁紧电极后没有发生偏转。

图 10-3-7　锁紧电极

（10）检查上述操作，确保电极安装正确。

任务四 工件装夹

具体操作流程如下。

(1) 确保工件和工作台表面干净、无污垢和油脂等杂质，推拉检查工件以确保工件能够紧密贴合工作台表面。

(2) 将工件放置在工作台上，调整位置和方向，使其符合加工要求，如图 10-4-1 所示。

(3) 清洁杠杆百分表和电极夹头，去除表面污垢和油脂等杂质，以确保测量准确。将杠杆百分表固定在适当的位置，如电极夹头或机床主轴上，如图 10-4-2 所示。

图 10-4-1　放置工件

图 10-4-2　固定百分表

(4) 正确操作电控盒控制机床移动，使杠杆百分表的测头靠近工件上表面，如图 10-4-3 所示。

(5) 检查工件上表面的平行度是否正确，正确则进行下一步，如图 10-4-4 所示。

图 10-4-3　调整杠杆百分表位置

图 10-4-4　检测平行度

(6) 打平工件 X 轴方向位置。移动 Y 轴，使杠杆百分表的测头与工件表面接触。预压缩杠杆百分表 3~5 圈，然后在工件表面左右移动 X 轴。观察百分表指针的转动方向，判断哪个方向位移较大，通过调整工件位置，使指针停留在 0.01mm 范围内。这时工件 X 轴方向经调整完毕，如图 10-4-5 所示。

(7) 用同样的方法打平工件 Y 轴方向。

(8) 打表完成后，使用磁吸锁紧工件，确保工件在加工时不会产生位移。

(9) 再次检查工件的位置和平行度。如有问题，需要重新调整工件位置，重复上述打表操作。如无问题，可以进行电火花加工。

图 10-4-5　X 轴打正

任务五　工件对刀及加工

具体操作流程如下。

（1）确保电极和工作台表面干净，无污垢和油脂等杂质。

（2）正确操作手控盒控制机床移动，使其靠近工件表面。确保电极与工件之间的距离足够安全，以免电极与工件相撞。

（3）对 X 轴坐标。将电极移到工件右边位置约 10mm 处，如图 10-5-1 所示。

（4）此时电极带电，不能用手触摸，加工时应注意安全。

（5）缓慢将电极向左移动，直到它与工件表面接触。电极在接近允许通电距离会自动停止。不能移动过快，否则可能会损坏电极或者工件表面，且造成对刀的不准确，如图 10-5-2 所示。

图 10-5-1　电机位置调整

图 10-5-2　工件分中

（6）标记电极的初始位置，记录坐标位置。

（7）用同样的方法测量工件左边表面，记录坐标位置。加工位置在 X 轴方向的工件中心位置，故移动坐标至两记录坐标数值相减再除以 2 的位置，在机床上输入 X0.0，完成 X 轴对刀操作。

（8）同样的操作确定 Y 轴加工位置。分中后如图 10-5-3 所示。

（9）按图纸要求编辑 XY 轴加工位置，位置为 X+6.25Y0.0，输入机床对刀数值记录加工位置，如图 10-5-4 所示。

（10）将电极置于工件上方约 10mm 处。

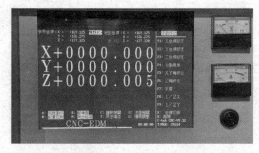
图 10-5-3　分中完成

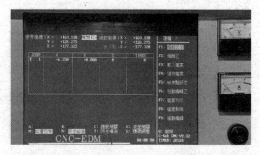
图 10-5-4　加工位置确定

（11）电极缓慢下降，接近工件表面。当电极与工件接触时，接触式对刀仪会检测到信号。接触式对刀仪接收到信号后，通过内部电路进行计算，最终得到电极与工件表面之间的距离。在 CNC 系统中，可以将此距离值记录为零点坐标，如图 10-5-5 所示。

（12）设置加工深度计算得出的数值。这里设置深度为 13.9，电流为 3.8，频率为 70，间隙为 50，跳升为 8，高压为 2，摇动为 5，如图 10-5-5 所示。

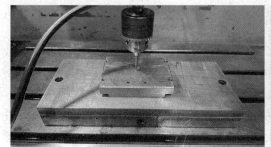 
图 10-5-5　Z 轴加工位置确定

（13）对刀完成检查上述操作。
（14）关闭防护罩，如图 10-5-6 所示。

图 10-5-6　关闭防护罩

（15）单击"开始加工"按钮，进行工件的加工。在加工过程中，需要密切关注电极磨损情况和工件加工效果，以确保加工质量和安全，如图 10-5-7 和图 10-5-8 所示。

图 10-5-7　电极加工状态　　　　　图 10-5-8　电极实际加工情况

相关知识

电极在电火花加工中起着至关重要的作用,其质量和性能直接影响到加工效果。以下是关于电极的一些相关知识。

常见的电极材料有铜、石墨、铜钨合金等。选择电极材料时,需要考虑其导电性、热导率、强度、抗磨损能力以及加工性等因素。铜和石墨是两种最常用的电极材料。

电极的制作过程包括设计、加工和检验等步骤。设计时要考虑电极的形状、尺寸和公差等因素。加工时可以采用铣削、车削、磨削等方法。检验时要对电极的尺寸、形状和表面质量等进行严格检查,以确保电极质量符合要求。

在电火花加工过程中,电极会逐渐磨损。电极磨损速度受材料、放电参数、加工方式等多种因素的影响。为减少电极磨损,可以选择适合的电极材料、优化放电参数和加工策略等。

由于电极磨损会影响加工精度,因此需要进行电极补偿。电极补偿主要包括尺寸补偿和形状补偿。尺寸补偿是通过调整电极尺寸来补偿磨损;形状补偿是通过调整电极形状来补偿磨损。在 CNC 系统中,可以通过设定相应的补偿参数实现电极补偿。

在电火花加工过程中,需要对电极进行有效管理,包括电极的储存、检测、维护和更换等。储存时要确保电极干燥、整洁;检测时要定期检查电极磨损情况;维护时要保持电极表面清洁、光滑;更换时要按照规定的更换周期和程序进行。

任务六　电火花机床关机与维护

电火花机床关机步骤如下。

(1) 确保电火花加工已经完成,检查加工结果,判断是否满足加工要求,如图 10-6-1 所示。

(2) 加工完成,电极停止放电,并停止冷却液循环。等待一段时间,让冷却液完全流回冷却液箱。

(3) 将电极缓慢上移,离开工件表面。确保电极与工件之间有足够的间隙,以便于取出工件,如图 10-6-2 所示。

(4) 打开防护罩,小心取出工件,避免刮伤工件表面。

(5) 使用刷子、布等清洁工具,将工作台上的冷却液、碎屑等杂物清理干净。

图10-6-1 检查加工完成情况
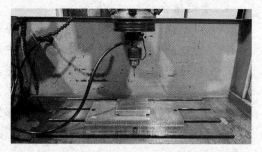
图10-6-2 调整主轴位置

（6）将电极从电极夹中取出，清洗表面，去除冷却液、碎屑等杂物。将电极放回储存处，以备下次使用，如图10-6-3所示。

（7）按下"急停"开关，关闭电火花设备主电源开关，切断电源，如图10-6-4所示。

图10-6-3 取下电极

图10-6-4 开启急停

（8）整理工具、设备，清理现场，确保工作环境整洁。

相关知识

（一）电火花周期维护方法

1. 日常保养

（1）清洁设备表面和工作台，保持设备干净整洁。

（2）检查设备的液压和气压系统，确保正常运行。

（3）检查电极夹头和接触点，保持良好的接触状态。

（4）检查冷却液，保持液面在规定范围内，确保冷却效果。

2. 周保养

（1）清洁滤芯，保持冷却液流通畅通。

（2）检查设备的导轨、丝杠等传动部件，涂抹润滑油，保持良好的润滑状态。

（3）检查电源线、接地线等连接部位，确认连接牢固，无松动现象。

3. 月保养

（1）检查冷却系统，清洗冷却液箱，如有需要更换冷却液。

（2）检查设备的各个运动部件，如丝杠、导轨、伺服电机等，确保其运行正常，无异常声音。

（3）检查电控系统，确认各电气元件运行正常，无损坏或老化现象。

4. 季度保养

(1) 对设备进行全面检查,确认各部件运行正常。
(2) 检查设备的安全防护装置,如防护罩、限位开关等,确保其正常工作。
(3) 对设备进行调整和维修,如有需要,更换磨损部件。

5. 年度保养

(1) 对设备进行全面大修,检查各个部件的磨损情况,如有需要,更换磨损部件。
(2) 对电控系统进行维护,检查线路、接头、电气元件等,确保其正常工作,更换老化元件。
(3) 对液压和气压系统进行维护,检查管路、接头、阀门等,确保无泄漏现象。

(二) 机床关机相关操作

关机操作按键如表 10-6-1 所示。

表 10-6-1 关机操作按键

步骤	图例
关闭砂轮旋转	
调整机床各部件到达合适位置	
按下急停	
关闭电源	

思考练习

(1) 电火花加工的基本原理是什么?它与传统的机械加工有何不同?
(2) 电火花加工的主要优点和缺点是什么?
(3) 哪些材料适合电火花加工?为什么?
(4) 在电火花加工中,如何选择合适的电参数?

总结提升

（1）在现代制造业中哪些领域会使用电火花加工技术？哪些行业特别依赖电火花加工技术？

（2）为了实现高效、高质量的电火花加工，需要关注哪些关键技术参数？

（3）如何根据加工需求和材料特性制定合适的电火花加工工艺？

（4）在实际操作过程中，如何有效地解决电火花加工中可能出现的问题，例如电极磨损、加工精度不足等？

项目十一

收纳盒模具钳工加工与装配

项目目标

通过本项目学习,能完成收纳盒模具的加工与装配,掌握模具部件名称及作用、正确的抛光方法、冷却水路加工方法以及零件配作方法。能严格遵循工作流程,独立完成收纳盒模具钳工加工与装配任务,能确保模具质量、精度和稳定性。在加工过程中,能严格遵守安全规范,使用有效的质量控制和检测方法对零件进行检测。

(1) 能准确识别并了解模具各部件的名称和功能。
(2) 能正确操作模具钳工加工与装配的各个步骤和流程。
(3) 能运用适当的方法和技巧,进行模具零件的抛光处理,提高模具表面质量。
(4) 能根据设计要求和图纸,按照正确的顺序完成模具的装配工作。
(5) 能根据不同类型塑料模具的装配需求进行调整。
(6) 能根据图纸要求,准确完成钳工加工任务,确保模具零件的精度和质量。
(7) 在模具装配过程中,能进行有效的检查和维护,包括保持模具清洁、更换磨损配件以及优化装配工艺,确保模具装配工作的正确性和效率。

项目描述

模具钳工加工与装配是一项涉及多个环节的工程,要能识别模具结构,掌握模具抛光方法,能进行冷却水路加工、定位圈和浇口套等零件配作等工作。本项目将对收纳盒模具进行钳工加工与装配。

在本项目的实施过程中,需遵循以下工作流程,独立完成收纳盒模具钳工加工与装配任务。

(1) 检测模具主要零件,确保质量符合要求。
(2) 进行模仁配框,确保模具零件的正确组装。

(3) 完成定位圈、浇口套等零件的配作,确保模具的精准定位与流道的畅通。

(4) 修配点浇口锥度孔,以保证浇口的顺畅与密封性。

(5) 斜顶及模仁配作,确保顺利脱模。

(6) 斜顶及斜顶座配作,保证斜顶系统的可靠性。

(7) 前模与后模配模,确保模具的整体稳定性和精度。

(8) 进行型芯、型腔省模及抛光,优化模具表面质量和成型效果。

(9) 根据流程完成模具装配,确保模具的正常运行。

在完成收纳盒模具钳工加工与装配任务的过程中,需严格遵守安全规范,掌握有效的质量控制和检测方法,提高团队协作与沟通能力。项目完成后,需从技能提升、团队协作和职业道德方面进行反思,以不断提升自身综合素质,为模具制造行业的发展作出贡献。

项目流程

任务一	模具主要零件检测	(3课时)
任务二	模仁配框	(6课时)
任务三	定位圈、浇口套配作	(1课时)
任务四	点浇口锥度孔修配	(1课时)
任务五	斜顶及模仁配作	(3课时)
任务六	斜顶及斜顶座配作	(3课时)
任务七	前模与后模配模	(3课时)
任务八	型芯、型腔省模及抛光	(12课时)
任务九	模具总装	(6课时)

任务一 模具主要零件检测

模具主要零件检测

(一) 清洁

(1) 用刷子、抹布擦拭零件表面,清除油污和灰尘。

(2) 使用压缩空气工具吹除难以触及的区域的杂质,如图11-1-1所示。

(3) 清洁后,检查零件表面是否干净,必要时重复清洁过程。

(二) 外观检查

(1) 逐一检查零件表面,查找裂纹、划痕、凹陷等瑕疵,如图11-1-2所示。

图 11-1-1 清洁主要部件

图 11-1-2 检查各零件

(2) 对有瑕疵的零件进行标记,以备后续处理或更换。

(三) 尺寸检测

(1) 使用卡尺、深度游标卡尺等测量工具测量零件的长度、宽度、高度等线性尺寸,如图 11-1-3 和图 11-1-4 所示。

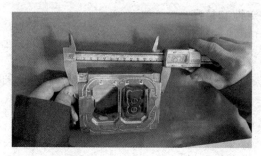

图 11-1-3　检查零件长度

图 11-1-4　检查模脚高度

(2) 使用内外径千分尺测量孔径和轴径。

(3) 对重要的配合间隙,可使用塞尺、千分尺等工具进行检测。

(4) 对有瑕疵的零件进行标记,以备后续处理或更换。

(四) 形状和位置公差检测

(1) 使用平面板、直尺等工具,检测零件的平面度和直线度。

(2) 使用量规、角度尺等工具,检测零件的垂直度、平行度、角度等位置公差。

(3) 对有瑕疵的零件进行标记,以备后续处理或更换。

(五) 表面粗糙度检测

(1) 根据设计要求选择光切显微镜、干涉显微镜等工具,对零件表面进行测试。

(2) 对有瑕疵的零件进行标记,以备后续处理或更换。

(六) 材料和热处理检测

(1) 使用硬度计对零件硬度进行测试,确保满足设计要求。

(2) 对有瑕疵的零件进行标记,以备后续处理或更换。

(七) 功能检测

(1) 对具有特殊功能的零件如液压元件、气缸、弹簧等,进行相应的性能测试。

(2) 对弹簧进行压缩或拉伸测试,检查其弹性特性是否符合要求。

(3) 如有电气、电子部件,进行电气性能测试,确保功能正常。

(八) 记录与整理

(1) 在检测过程中,记录所有检测数据。

(2) 对不合格的零件进行标记,并将其与合格零件分开存放。

(3) 对已修复的零件重新进行检测,确保其质量符合要求。

(4) 整理所有检测数据,为后续装配和调试提供参考依据。

相关知识

(一) 模具的定义和分类

模具是在工业生产中用来制作成型工件的专用工具。根据模具的类型和用途,可以将模具分为塑料模具、金属模具、压铸模具、橡胶模具等。模具的质量直接影响到成品的质量,因此模具零件的检测非常重要。

(二) 主要零件

模具是工业生产中用于制作成型工件的专用工具,其主要零件包括模板、模仁、浇口系统、冷却系统、顶出系统、导向系统、限位器和模具锁紧装置。这些零件共同组成了一个完整的模具,保证了模具在生产过程中的正常运行。

模板是模具结构的基础,负责承受工作压力并固定其他零件。模仁负责塑造产品形状,包括腔体和芯体。浇口系统将熔融材料引入模具腔,决定产品成型质量和生产效率。冷却系统调节模具温度,确保成型质量和周期。

顶出系统在模具开启时将成型产品从模具中顶出。导向系统保证模具在开合过程中的精确运动和定位。限位器控制模具在开合过程中的行程,防止损坏。模具锁紧装置在吊运过程中将上下模板紧密锁定。

在检测模具零件时,需要关注尺寸、形状、精度、材料等方面的要求,以确保模具性能和使用寿命。

(三) 检测方法和设备

模具零件检测通常包括尺寸检测、形状检测、表面粗糙度检测、硬度检测和材料成分检测等。常用的检测设备有千分尺、游标卡尺、深度游标卡尺、投影仪、表面粗糙度仪、硬度计和光谱分析仪等。

(四) 检测标准

模具零件的检测需参照相关标准进行。这些标准规定了零件的尺寸公差、形状公差、表面粗糙度和材料成分等方面的要求。检测人员应根据设计图纸和检测标准对模具零件进行检测,确保零件符合要求。

(五) 检测过程中的注意事项

在检测模具零件时,应注意以下几点:选择合适的检测方法和设备;保持设备的准确性和稳定性;在检测过程中遵循相关操作规程;记录检测数据,便于分析和追踪;对不合格零件及时进行修正或报废。

任务二 模 仁 配 框

(一) 准备工作

(1) 准备游标卡尺、深度游标卡尺、内六角扳手、铜棒、塞尺,如图11-2-1所示。

(2) 检查模仁和模具框架的尺寸、形状是否符合设计要求,确保两者能够正确组装。

(3) 对模仁和模具框架进行清洁,确保表面无油污、锈蚀和毛刺等杂质。

模仁配框

(二) 模仁定位

(1) 将模仁放置在模具框架内,注意模仁的方向和位置,如图11-2-2所示。安装时可以使用铝棒或铜棒对角轻轻敲击将模仁和A板进行装配,如图11-2-3所示。

(2) 确保模仁在模具框架内的位置满足设计要求,可以通过塞尺测量间隙、尺寸等方法进行验证。

图 11-2-1　准备工具和量具

图 11-2-2　模仁装配

(三) 模仁固定

(1) 使用内六角螺钉将模仁与模框固定,对角旋紧螺钉,如图 12-2-4 所示。

图 11-2-3　敲紧模仁

图 11-2-4　锁紧模仁

(2) 注意装配要求,防止过紧或过松影响模具的使用寿命和性能。
(3) 检查模仁与模具框架之间的连接是否牢固,有无松动现象。
(4) 完成模仁配框。

相关知识

(一) 模仁

模仁是模具中用于形成产品形状的关键部件,通常由腔体和芯体组成。腔体负责产品外形的形成,芯体负责产品内部结构的形成。模仁的制作需要遵循产品设计要求,并保证形状、尺寸和精度。

(二) 模架

模架也称为模板或模具基板,是模具结构的基础部分,负责承受压力和固定其他零件。模架通常分为上模和下模,它们之间通过导向系统保持精确的相对位置。

(三) 配框注意事项

在模仁配框过程中,需要注意以下几点。

(1) 保证模仁与模架的相互定位精度。
(2) 确保模仁与模架之间的紧固强度。
(3) 遵循相关的操作规程和安全要求。

任务三 定位圈、浇口套配作

(一)准备工作

(1)准备内六角扳手、游标卡尺、深度游标卡尺、塞尺、电动工具、磨床。

(2)检查定位圈与浇口套的尺寸、形状是否符合设计要求,确保二者能够正确组装,如图11-3-1所示。

(3)对定位圈与浇口套进行清洁,确保表面无油污、锈蚀和毛刺等杂质。

(二)定位圈安装

(1)将定位圈安装到模具面板的注塑侧,注意定位圈的方向和位置。安装时可以使用铝棒或铜棒对角轻轻敲击进行装配,如图11-3-2所示。

(2)使用内六角螺钉将定位圈与模具连接,对角旋紧螺钉。

(3)防止过紧或过松影响模具的使用寿命和性能。

(4)检查定位圈与模具之间的连接是否牢固,有无松动现象。

图11-3-1 试配

图11-3-2 安装定位圈

(三)浇口套安装

(1)将浇口套安装到模具的注塑侧,注意浇口套的方向和位置。安装时可以使用铝棒或铜棒对角轻轻敲击进行装配,如图11-3-3所示。

(2)检查浇口套与模具之间的连接是否牢固,有无松动现象。

(四)浇口套调整

(1)刻线锯掉多余的长度,如图11-3-4所示。

图11-3-3 安装浇口套

图11-3-4 锯掉多余长度

(2) 使用磨床磨削锯断后浇口套不平整的位置,如图 11-3-5 所示。

(3) 把研磨平整的浇口套使用电动工具研磨倒角去毛刺,如图 11-3-6 所示。

图 11-3-5　浇口套磨削

图 11-3-6　去除毛刺

(4) 完成定位圈、浇口套配作,检查上述操作。

相关知识

(一) 浇口套

浇口套是模具中的一个关键部件,负责引导熔融材料进入模具腔。它通常安装在模具的上模板,与下模板的浇口相配合。浇口套的内径决定了浇口的尺寸,材料的流动性和成型压力需求会影响浇口套的设计。常见的浇口套类型有直通式、锥形式和喷嘴式等。

(二) 注意事项

在定位圈和浇口套配作过程中,需要注意以下几点。

(1) 选择合适的定位圈和浇口套型号,以满足模具设计和生产要求。

(2) 保证模具上下模板的加工精度,以确保定位圈和浇口套的精确配合。

(3) 在安装过程中注意保持清洁,防止杂质进入模具。

(4) 在模具使用过程中应定期检查和维护定位圈和浇口套,确保其正常工作。

任务四　点浇口锥度孔修配

(一) 准备工作

(1) 准备钳工工具、电动工具、磨头、量具。

(2) 确认模具设计图纸中点浇口锥度孔的尺寸、位置、锥度以及表面粗糙度要求。

(3) 对工件进行预处理,如去除毛刺、清洁表面等。

(4) 使用量具(如卡尺、游标卡尺、千分尺等)测量并确认原有孔的尺寸。

(二) 修配与打磨

(1) 使用电动工具装配合适的磨头,对锥度孔进行精修,以达到设计图纸要求的尺寸。

(2) 采用磨头、砂纸等工具,对锥度孔的表面进行打磨,以满足表面粗糙度要求,如图 11-4-1 所示。

(三) 调整和检查

修配完成后,需要对点浇口锥度孔进行调整和检查。调整孔径和角度的精度与一致性。检查包括孔壁的光洁度和平整度,以及孔底的尺寸和形状是否符合设计要求。

(四) 完成与保养

(1) 对修配完成的点浇口锥度孔进行清洁,确保无杂质和划痕。

项目十一　收纳盒模具钳工加工与装配 293

图 11-4-1　打磨锥度孔

（2）对模具和工具进行收纳保养,以确保其性能和使用寿命。

任务五　斜顶及模仁配作

（一）准备工作

（1）确认模具设计图纸中斜顶及模仁的尺寸、位置、角度和表面粗糙度要求。

（2）准备磨床、钳工工具、各种规格的锉刀、量具。

（3）对工件进行预处理,如去除毛刺、清洁表面等。

（二）斜顶修配

（1）根据设计要求和模具结构,先将型芯与斜顶试配,如图 11-5-1 所示。

（2）通常刚加工出的斜顶和型芯配合较紧,对模具做工有影响。使用小锉刀反复修配配合不顺畅的位置,使斜顶活动较为顺畅,如图 11-5-2 和图 11-5-3 所示。

图 11-5-1　斜顶试配

图 11-5-2　斜顶修配（1）

（3）过程中对斜顶的导向部分进行打磨和抛光,保证光洁度和精度。完成修配后再次试配。

（三）装配与检验

（1）将斜顶与型芯进行装配,确保斜顶在模仁中的运动平稳且无间隙,如图 11-5-4 所示。

（2）使用塞规、千分尺等精密测量工具,对斜顶及模仁的尺寸和位置进行检测,确保符合设计要求。

（3）确定配合无问题后,为了使斜顶更好地做工,用磨床在斜顶周围割出油槽,完成斜顶的修配,如图 11-5-5 所示。

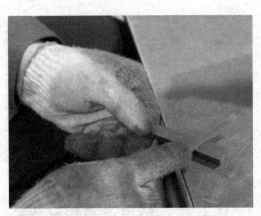

图 11-5-3　斜顶修配(2)

图 11-5-4　斜顶装配

图 11-5-5　斜顶开油槽

相关知识

(一) 斜顶

斜顶是一种将模具顶出系统的特殊顶出方式,通常用于具有倒扣结构的产品特征的成型。斜顶装置主要由斜顶、斜顶座等部件组成。在模具开合过程中,斜顶杆沿预设的斜向轨迹运动,将成型件从模具中顶出。

(二) 注意事项

在斜顶与模仁配作过程中,需要注意以下几点。

(1) 选择合适的斜顶装置和模仁,以满足模具设计和生产要求。

(2) 保证斜顶装置部件和模仁的加工精度,以确保顺畅运行和精确顶出。

(3) 在安装和调试过程中,注意保持清洁,防止杂质进入模具。

(4) 定期检查和维护斜顶装置,确保其正常工作。

任务六　斜顶及斜顶座配作

(一) 准备工作

(1) 确认模具设计图纸中斜顶及斜顶座的尺寸、位置、角度和表面粗糙度要求。

(2) 准备铣床、磨床、钳工工具、量具。

(3) 对工件进行预处理,如去除毛刺、清洁表面等,如图 11-6-1 所示。

(二) 斜顶与斜顶座修配

(1) 根据设计要求和模具结构,将斜顶与斜顶座试配,如图 11-6-2 所示。

图 11-6-1　去除毛刺

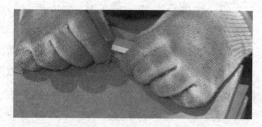

图 11-6-2　斜顶与斜顶座试配

（2）通常刚加工出的斜顶和斜顶座配合较紧，对模具做工有影响。使用小锉刀反复修配配合不顺畅的位置，使斜顶活动较为顺畅，如图 11-6-3 所示。

（3）对斜顶的导向部分进行打磨和抛光，保证光洁度和精度。完成修配后再次试配。

（三）装配与检验

（1）将斜顶与斜顶座进行装配，确保斜顶在斜顶座中的运动平稳且无间隙。如图 11-6-4 所示。

图 11-6-3　斜顶、斜顶座修配

图 11-6-4　斜顶、斜顶座装配

（2）使用塞规、千分尺等精密测量工具，对斜顶及模仁的尺寸和位置进行检测，确保符合设计要求。

（3）配合无问题，完成斜顶修配。

相关知识

（一）斜顶座

斜顶座是斜顶装置的关键部件，负责支撑斜顶杆并确保其在运动过程中的稳定性。斜顶座通常安装在模具顶针面板上。

（二）注意事项

在斜顶与斜顶座配作过程中，需要注意以下几点。

（1）选择合适的斜顶杆和斜顶座，以满足模具设计和生产要求。

（2）保证斜顶杆和斜顶座的加工精度，以确保顺畅运行和精确顶出。

（3）在安装和调试过程中，注意保持清洁，防止杂质进入模具。

（4）定期检查和维护斜顶杆和斜顶座，确保其正常工作。

任务七　前模与后模配模

（一）准备工作

（1）在进行型芯型腔配模前，需要对型芯、型腔、A 板、B 板进行清洁和检查，确保其结构完好。

前模后模配模

(2) 准备合适的配模工具,如扳手、螺丝、红丹、刷子。

（二）模仁安装

(1) 逐一检查零件表面,确保零件表面无裂纹、划痕、凹陷等瑕疵。
(2) 对有瑕疵的零件进行标记,以备后续处理或更换,如图11-7-1所示。

（三）检测准备

将红丹均匀涂抹在型芯上,以便在合模检测时判断贴合情况,如图11-7-2所示。

图11-7-1 检查零件

图11-7-2 涂抹红丹

（四）合模检测

(1) 在导柱位置用滴油枪加油润滑,确保模具动作顺畅,如图11-7-3所示。
(2) 反复上下合模,观察红丹的贴合情况,如图11-7-4所示。

图11-7-3 润滑导轨

图11-7-4 合模

（五）完成修模

(1) 有红丹的位置就是贴合位置,注意型腔封胶位是否都贴合,如有未贴合的地方用电动工具修配型腔粘有红丹的地方,如图11-7-5所示。
(2) 再次合模,直至封胶位完整粘有红丹。模具正确配合,完成修模。
(3) 对上下模进行清洁,确保无杂质和划痕。
(4) 对模具和工具进行保养收纳,以确保其性能和使用寿命,如图11-7-6所示。

图11-7-5 检查贴合

图11-7-6 保养收纳模具

任务八　型芯、型腔省模及抛光

（一）准备工作

(1) 对型芯、型腔进行清洁和检查，确保其结构完好。

(2) 准备电动工具、砂纸、油石、研磨膏、研磨用油。

(3) 根据模具模仁的形状和尺寸，选择合适的抛光工具，如抛光头、抛光轮、抛光条等。

（二）粗抛光

(1) 使用粗砂纸或磨头对型芯、型腔的表面进行初步研磨，去除表面刀纹和毛刺等。

(2) 将抛光油均匀地涂在模具模仁表面，然后用抛光工具进行抛光。抛光的方法和方向应与模具模仁表面的形状和结构相适应，一般采用水平方向、垂直方向和45°角方向交替进行抛光，如图11-8-1所示。

图 11-8-1　抛光

（三）中抛光

使用目数逐渐增大的砂纸或磨头阶梯递增对型芯、型腔表面进行中度研磨，进一步平整表面，并去除粗抛光的痕迹。

（四）精抛光

使用细砂纸或细号的磨头对型芯、型腔表面进行细致抛光，消除表面缺陷和瑕疵，使表面变得光滑。

（五）高光抛光

使用研磨膏粉末或特殊的抛光材料，对型芯、型腔表面进行高光抛光，使其表面光洁度和亮度得到进一步提升。

（六）清洁与防锈处理

(1) 用防锈油将模具模仁表面的残留抛光液和碎屑清洗干净。

(2) 对型芯、型腔表面进行喷油防锈处理，以保护其表面，减少因接触氧气而导致的氧化、锈蚀等问题。

（七）检验

(1) 完成抛光后，需要对型芯、型腔表面进行检验，以确保其表面平整度、光滑度、亮度等达到产品质量要求。

(2) 若检测结果不符合设计要求，需采取相应的措施进行修复和调整，如重新打磨、抛光等，直至达到设计要求。

模具装配
（下模）

模具装配
（上模）

任务九　模具装配

（一）准备工作

（1）根据工艺要求和设计图纸准备配框所需的零部件。通常包括模架、上下模板、型芯、芯轴、导柱、导套、拉杆等零部件。

（2）在开始组装之前，对所有的零部件进行清洗和检查。清洗的目的是去除表面的污垢和油脂，检查的目的是确保每个零部件的尺寸和质量符合要求。

（3）准备内六角扳手、毛巾、铜棒、量具。

（二）开始装配

（1）按照设计要求，将水路密封圈装至 A 板、B 板上，如图 11-9-1 所示。

（2）将型芯装入 A 板，将型腔装入 B 板，安装时注意基准方向，如图 11-9-2 所示。

图 11-9-1　装水路密封圈

图 11-9-2　装配模仁

（3）锁紧固定螺丝，将型腔与 A 板固定，型芯与 B 板固定。螺丝旋转安装时，需按对角顺序旋转锁紧，防止锁紧时装斜卡死，如图 11-9-3 所示。

（4）安装导向系统，将四个导柱依次安装在面板上，如图 11-9-4 所示。

图 11-9-3　锁紧模仁

图 11-9-4　导柱安装

（5）将水口板按照正确的方向安装，注意正反面，如图 11-9-5 所示。

（6）将 A 板按照正确的方向安装，注意正反面，如图 11-9-6 所示。

图 11-9-5　水口板安装

图 11-9-6　A 板安装

（7）安装卸料螺钉，如图 11-9-7 所示。
（8）安装面板水口板限位螺钉，如图 11-9-8 所示。

图 11-9-7　安装卸料螺钉

图 11-9-8　安装面板水口板限位螺钉

（9）检查安装后的活动性，并再次检查安装方向是否正确，正反面是否搞错，如图 11-9-9 所示。

（10）将镶件安装到模仁，如图 11-9-10 所示。

图 11-9-9　检查安装

图 11-9-10　安装镶件

（11）将镶件使用紧固螺钉旋紧在 B 板上，如图 11-9-11 所示。
（12）将斜顶安装在模仁上，如图 11-9-12 所示。

图 11-9-11　锁紧镶件

图 11-9-12　安装斜顶

（13）将带有小导柱、回针弹簧、斜顶座的定制固定板安装在 B 板上，如图 11-9-13 所示。

（14）安装顶针，同时注意顶针安装的位置，有些长短不一，还有形状的不同，安装时确保安装位置正确，如图 11-9-14 所示。

（15）盖上顶针固定板，如图 11-9-15 所示。

（16）旋紧顶针固定板螺钉、斜顶座固定螺钉，如图 11-9-16 所示。

（17）将带有模脚的底板安装在 B 板上，如图 11-9-17 所示。

（18）锁紧固定螺钉，如图 11-9-18 所示。

图 11-9-13 安装顶出系统

图 11-9-14 安装顶针

图 11-9-15 安装顶针固定板

图 11-9-16 锁紧顶出系统

图 11-9-17 安装底板

图 11-9-18 锁紧底板

（19）检查安装方向是否正确，正反面是否搞错。没有问题则正确合模，如图 11-9-19 所示。

（20）再次检查安装各板方向是否正确，正反面是否搞错。如无问题则完成模具的装配，如图 11-9-20 所示。

图 11-9-19 合模

图 11-9-20 检查合模

（三）检查与调试

（1）检查模具各部件是否安装到位，确认模具的整体结构。

（2）对模具进行手动运行测试，以评估活动性及其运行是否顺畅。

思考练习

（1）如何正确使用量具对模具零件进行测量，以确保零件的尺寸精度？

（2）在模具的装配过程中，如何保证各零件的定位精度，以确保模具的正常运行？

（3）当模具在装配过程中出现配合过紧或过松的情况时，如何采取有效的修正措施？

（4）如何有效地检查和维护模具装配后的各个活动部件，以确保其正常运行？

总结提升

（1）总结模具装配过程中的关键步骤和技巧，以确保模具的顺利运行和模具质量。

（2）如何对模具的各个系统如润滑系统、冷却系统、顶出系统等进行定期检查和维护，以确保模具的稳定运行？

（3）总结模具钳工在实际操作中可能遇到的问题和解决办法，以提高自己解决问题的能力。

（4）总结在模具钳工加工与装配过程中学到的经验和教训，以促进自己的技能提升和成长。

项目十二 Project 12

收纳盒模具试模与制件验收

项目目标

通过本项目学习,掌握收纳盒模具试模与制件验收的相关理论知识和实践操作技巧。能正确操作模具注塑机并能进行试模参数的设置,能正确高效地完成模具试模流程、制件质量检测,同时掌握模具钢号的作用以及说明书的编写。能严格遵守安全规范和质量控制体系,在此基础上能够独立完成收纳盒模具试模与制件验收任务,确保模具产品质量、精度和稳定性。

项目完成后,能够自主评估和反思整个收纳盒模具试模与制件验收过程中的优点和不足,持续提升个人技能和能力,关注模具制造行业的最新动态,并为模具行业的发展和创新作出贡献。

(1) 了解模具注塑机装配的全过程,确保模具与注塑机的正确安装和调试。

(2) 理解并能设置模具注塑过程中的关键参数,包括注塑压力、速度、时间、温度等,以保证成型质量和生产效率。

(3) 能识别模具注塑制品的常见缺陷,如熔接线、翘曲、瑕疵等,并掌握相应的解决方法,提高产品质量。

(4) 能进行模具质量检测,包括成型零件的尺寸、形位公差、表面质量等方面的检验。

(5) 能正确操作注塑机,对模具进行试模工作,确保模具在实际生产过程中的性能与质量。

(6) 能按照模具的类型、用途等进行归纳分类,合理安排模具入库,并做好模具库存管理。

(7) 能编写模具说明书,包括模具结构、材质、使用方法、保养维护等内容,为模具的正确使用与维护提供参考。

项目描述

模具试模与制件验收是模具制造过程中的关键环节,主要目的是检验模具的性能、质量和生产效率,确保模具在实际生产中能够满足设计要求。在本项目中,需要运用所学知识进行模具注塑机的装配、参数设置、注塑过程的调试、制品质量检测及模具验收等操作。

项目实施内容如下。

(1) 模具注塑机装配,确保模具与注塑机的正确连接。

(2) 设置注塑过程中的关键参数,如注塑压力、速度、时间、温度等。

(3) 对模具进行试模操作,观察注塑过程中的各种情况,如成型质量、生产效率等。

(4) 识别并解决模具注塑制品的常见缺陷,如熔接线、翘曲、瑕疵等。

(5) 对成型制品进行质量检测,包括尺寸、形位公差、表面质量等。

(6) 对模具进行验收,确保模具的质量、精度和稳定性。

(7) 根据模具制造过程中的实际情况,编写模具说明书,指导后续的使用与维护。

在本项目的实施过程中,需要积极践行社会主义核心价值观,注重质量意识、环保意识、安全意识、信息素养、工匠精神和创新思维,发挥团队协作精神和职业道德修养。

项目完成后,要求学生对整个试模与制件验收过程进行总结,从技能提升、团队协作和职业道德等方面进行反思,以不断提升自身综合素质,为新时代中国模具制造业作出贡献。

项目流程

任务一	模具试水	(1课时)
任务二	模具注塑机装配	(2课时)
任务三	模具试模参数设置	(3课时)
任务四	模具试模注塑	(6课时)
任务五	制件功能、成型质量控制	(6课时)
任务六	模具的验收	(4课时)
任务七	模具的入库与发放	(2课时)

任务一 模 具 试 水

(一) 检查工作

(1) 在进行试水前,必须对模具进行全面检查,以确保其完整无损,无任何缺陷。

(2) 检查模具的装配、滑块、顶针等部件是否完好,如图12-1-1所示。

(3) 检查模具的冷却系统是否畅通,确保冷却水路无堵塞。

(二) 安装模具

(1) 安装水嘴后,将模具安装在注塑机上,以便进行试水测试。

(2) 确保模具与注塑机接合紧密。

模具试水

图 12-1-1　检查装配

（三）试水测试与检查

（1）接入水管，打开水阀检查模具流道是否工作正常，如图 12-1-2 所示。

（2）观察试水测试的结果，如有漏水等问题，应及时进行处理。

（四）确认模具

（1）完成模具的试水调整后，需要再次进行试水测试，以确保模具已经满足生产要求，如图 12-1-3 所示。

图 12-1-2　模具试水

图 12-1-3　完成试水测试

（2）经过多次试水测试后，如果模具可以正常运行，就可以确认该模具已经符合生产要求。

相关知识

模具试水的目的如下。

（一）验证模具设计的合理性

通过试水可以检查模具设计是否合理、各部件是否协调，以及模具是否能够正常运行，有助于发现设计中的不足和潜在问题，为后续生产提供保障。

（二）调试模具性能

试水过程中可以对模具的各项性能参数进行调试和优化，如冷却水路、顶针、滑块等部件的优化，以确保模具在实际生产中能够稳定、高效地工作。

（三）检查注塑成品质量

通过试水制作的样品，可以对注塑成品的尺寸、外观和性能进行检验，确保其达到设计要求。若发现问题，可以对模具或注塑机参数进行调整，以提高产品质量。

（四）确保生产顺利进行

模具试水有助于确保模具在后续的批量生产中能够顺利进行，避免因模具问题导致的生产停滞、浪费和损失。经过试水，可以提前发现并解决潜在问题，保证生产效率。

任务二　模具注塑机装配

（一）准备工作

（1）根据要注塑的产品以及模具的大小、材料、形状、尺寸等因素选择注塑机的参数，包括锁模力、注射压力、注射速度、冷却时间等，保证初始参数在一个合理的范围。

（2）清洁注塑机的安装区域和模具的表面，以避免杂物和脏物影响安装质量。

（二）安装模具

（1）用行车吊起模具，将模具放置在注塑机的模具台上，如图12-2-1所示。

图 12-2-1　吊起模具

（2）确定好模具的位置和方向，浇口位置对准注塑机注胶位置，用注塑机的预紧模具在模具台上调整位置，如图12-2-2和图12-2-3所示。

图 12-2-2　模具位置调整(1)　　　　图 12-2-3　模具位置调整(2)

（3）用螺栓将模具固定在台座上，注意用锁紧借力杆，以确保模具安装稳定，如图12-2-4～图12-2-6所示。

（4）检查模具的位置和方向是否正确，以及与注塑机是否紧密贴合。

（三）安全检查

（1）再次检查模具与注塑机的接触、螺栓连接、位置等是否正确。

（2）检查操作区域是否有障碍物，确保作业空间安全。

图 12-2-4 模具固定(1)

图 12-2-5 模具固定(2)

图 12-2-6 模具固定(3)

相关知识

安装模具到注塑机上的安全事项如下。

(1) 操作人员在安装过程中应佩戴相应的安全防护设备,如安全帽、防护眼镜等,以降低潜在的安全风险。

(2) 在搬运和安装模具时,务必使用合适的起重设备,如行车、吊具等,确保设备的负载能力足够,避免因设备故障导致发生安全事故。

(3) 在安装模具前,应清理作业区域,确保无杂物、油污等障碍物,为操作人员提供安全、整洁的作业环境。

(4) 在整个安装过程中,操作人员应保持警惕,注意观察周围环境。如遇到紧急情况,应迅速启动紧急停止开关,以避免发生安全事故。

任务三 模具试模参数设置

模具试模参数设置

(一) 准备工作

(1) 了解所选塑料材料的熔融温度、熔融流动速率、熔融黏度等特性,以便在设置参数时进行参考。

(2) 确认模具已经安装在注塑机上,并确保模具和注塑机的各项参数已经设置在合理的范围内。

(二) 温度调整

(1) 根据塑料材料的特性,将模具的温度调整到合适的范围,如图 12-3-1 所示。

(2) 通过注塑机的温度控制系统进行调整,如图 12-3-2 所示。

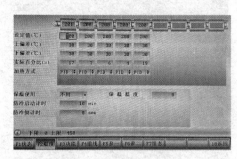

图 12-3-1 温度设置

图 12-3-2 操作面板

(三) 模具开合

(1) 模具开合测试。调整模具的开合速度和行程,这里设置开模行程为 250,开合模速度为 20 左右,如图 12-3-3 所示。

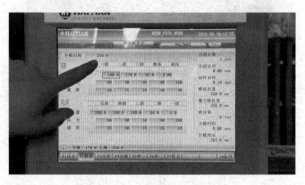

图 12-3-3 开合模速度设置

(2) 确保模具可以平稳地开合,不会发生卡死或卡住的情况。

(四) 注射压力设置

(1) 根据产品的尺寸、形状和材料,设置合适的注射压力,这里注塑压力设置为 80,如图 12-3-4 所示。

(2) 避免因注射压力过大导致产品变形或者模具损坏,或因注射压力过小影响产品质量和生产效率。

(五) 注射速度设置

(1) 根据产品的尺寸、形状和材料,设置合适的注射速度,这里设置为 15。

(2) 避免因注射速度过快导致模具振动或产品表面出现瑕疵,或因注射速度过慢影响生产效率。

(六) 冷却时间设定

(1) 根据产品的尺寸、形状和材料,设置合适的冷却时间为 20,如图 12-3-5 所示。

(2) 避免因冷却时间过短导致产品变形或者出现缺陷,或因冷却时间过长影响生产效率。

(七) 进行试模

(1) 按照设定的参数启动注塑机进行试模。

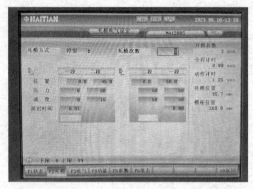

图 12-3-4　注塑压力设置

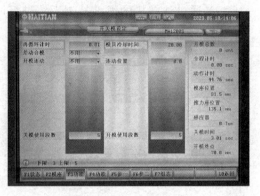

图 12-3-5　冷却时间设置

（2）观察成品质量和模具运行状况，如有问题及时进行调整，如图 12-3-6 所示。

图 12-3-6　有质量问题的塑件

（八）调整优化参数

根据试模结果，对注塑参数进行调整优化，如改变注射压力、速度、保压时间等，以获得满足要求的成品，如图 12-3-7 所示。

（九）多次试模验证

经过多次试模和参数调整，验证模具能够正常运行且符合生产要求，然后进行正式生产，如图 12-3-8 所示。

图 12-3-7　调整优化后的注塑成品

图 12-3-8　检查成品

相关知识

注塑机参数调整如下。

（一）注射压力

注射压力是指将塑料熔体从喷嘴注入模具腔的压力。注射压力的大小会影响熔体填充速度、模具腔压力以及成品的尺寸精度。压力过高可能导致成品变形或模具损坏，压力过低则可能产生短射或填充不足的问题。

（二）注射速度

注射速度是指塑料熔体在注射过程中的速度。速度过快可能导致模具振动、闪边以及产生气泡；速度过慢可能会影响成品质量，如产生焦痕、熔接线和延长生产周期等。

（三）注射时间

注射时间是指从开始注射到熔料填充模具腔结束的时间。注射时间过长可能导致熔料在喷嘴附近降温，影响注射效果；时间过短可能导致填充不足或产生短射。

（四）保压时间和保压压力

保压是指在注射完成后，对塑料熔体继续施加压力以补充收缩和减少缺陷的过程。保压时间和保压压力的设置需要考虑产品的形状、尺寸和材料特性。不合适的保压时间和压力可能导致产品产生内应力、变形或产生瑕疵。

（五）冷却时间

冷却时间是指塑料在模具内冷却至足够硬度，以便顺利脱模的时间。冷却时间过短可能导致产品变形、缩短或产生瑕疵；冷却时间过长会降低生产效率。

（六）螺杆后退距离

螺杆后退距离是指在注射过程结束后，螺杆向后退的距离，以确保在下一次注射前有足够的塑料熔料。后退距离过大可能导致熔料在喷嘴附近降温，影响注射效果；后退距离过小可能导致熔料溢出或产生短射。

任务四　模具试模注塑

模具试模注塑

（一）准备工作

(1) 检查模具的完整性，清洁模具表面。

(2) 检查注塑机的运行状态，确保模具已经安装在注塑机上，并设置好各项参数。

(3) 将烘干的原料倒入注塑机料桶中，如图12-4-1所示。

（二）清洗料筒

用熔融的塑料先在模具外注塑以清洁筒内残留物，如图12-4-2所示。

图12-4-1　物料烘干

图12-4-2　清洁料筒

(三)试注塑

将产品原材料熔融后注入模腔中,进行注塑试模。

(四)检查分析

(1)检查产品的尺寸精度、表面质量和成型效率等。

(2)如果发现问题,需要进行调整和优化,然后再次进行试模测试。

(五)设置参数并再次注塑

(1)根据第(四)步的分析结果,调整注塑参数。

(2)再次进行注塑试模,验证调整后的效果。

(六)完成试模并记录

(1)当模具试模通过后,可以进行生产验证。

(2)记录每次试模数据,方便后期改进或作为参考依据。

(3)在生产过程中,需要定期进行检查和维护,以保证产品的质量和生产效率。

相关知识

(1)操作员应接受专业培训,了解注塑机的结构、性能、操作方法和安全事项,取得相应的操作资质。

(2)操作员在操作过程中应穿戴安全防护设备,如防护眼镜、耳塞、安全鞋和手套等。

(3)在开机前,操作员应检查注塑机的各项设备是否正常、各部件是否齐全,确认电源、气源和水源正常。

(4)操作员应按照正确的顺序进行操作,从开机、预热、模具安装、注塑参数设定到生产启动,均应遵循操作规程。

(5)操作员应根据加工材料的要求设定适当的熔融温度、模具温度等,以保证产品的成型质量。

(6)操作员应根据产品的尺寸、形状和材料进行注射压力、速度、背压等参数的设定,并在生产过程中密切关注随时调整。

(7)操作员应定期对注塑机进行保养和维护,确保设备正常运行,避免因设备故障导致生产停滞。

(8)操作员应保持注塑机、模具及生产现场的清洁和整洁,避免因污染和杂物影响生产质量和安全。

(9)在注塑过程中如遇到故障,操作员应立即停机,查找原因并采取措施解除故障。如无法解决,应及时报告上级或联系技术人员进行处理。

(10)操作员应按照规定的关机顺序进行操作,确保设备安全。关机后,应做好设备保养,关闭电源、气源和水源。

任务五 制件功能、成型质量控制

制件功能、尺寸与精度

(一)准备工作

(1)确保蓝光扫描设备表面干净,无尘埃和污渍。检查设备是否处于良好的工作状态,如光源、镜头、测量标尺等。

(2)按照设备操作手册进行校准,包括对光源的亮度、聚焦,镜头的清晰度和测量标尺的精度等方面的调整，以确保测量结果的准确性。

（二）放置待检测制件

（1）将待检测的模具注塑制件放置在蓝光扫描设备的工作台上，使注塑制件与设备的光轴垂直，确保成型零件投影清晰、无变形。

（2）调整设备的焦距，使模具注塑制件的投影在屏幕上清晰可见。调整光源，使投影图像的亮度均匀，轮廓线清晰。

（三）数据采集与处理

（1）通过蓝光扫描设备对模具注塑制件的尺寸、形状和角度进行检测。将采集到的数据存储到计算机中，以便后续进行处理和分析。

（2）使用专用软件对采集的数据进行预处理，如去噪、补全和对齐等。生成完整的三维点云数据或三维模型。

（四）数据分析与反馈

（1）将生成的三维数据与3D设计要求进行对比，判断成型零件是否合格。若发现尺寸或形状不符合要求，应及时采取相应措施进行调整。

（2）根据测量数据，分析注塑制件的产品质量，找出可能存在的问题和不足。将分析结果反馈给相关人员，如生产人员或设计人员，以便进行调整和优化。

相关知识

收纳盒的作用如下。

（1）收纳盒可以用来储存各种不同类型的药品等。通过使用收纳盒，可以将每日用药整理成有序、易于管理的状态。

（2）收纳盒可以提供物品的保护，避免它们受到灰尘、潮湿、日光等外界环境的影响，同时还可以避免物品的丢失和损坏。

（3）收纳盒具有轻便、易携带的特点，可以方便地移动到不同的位置。

任务六　模具的验收

（一）准备工作

对模具的外观进行初步检查，确认没有明显的损坏或缺陷。

模具的验收

（二）检查模具尺寸和精度

（1）使用测量工具如卡尺、塞尺、三坐标等对模具的关键尺寸进行检测，确保模具尺寸满足设计要求。

（2）检查模具的平面度、平行度、垂直度等几何精度指标，确保模具的精度符合要求。

（三）检查模具组件和装配

（1）检查模具的各个部件是否安装正确，配合是否紧密，运动是否顺畅。

（2）确认模具的紧固件是否牢固，导向部件精度是否合适，以确保模具的装配准确。如图12-6-1所示。

（四）模具试模

（1）将模具安装在注塑机上，按照注塑机操作规程进行试模。

（2）观察模具在实际生产过程中的性能表现，如注射、冷却、顶出等。

(3) 制作出符合要求的样品,并进行尺寸、外观、材质等方面的检验,如图 12-6-2 所示。

图 12-6-1　模具试模

图 12-6-2　验收检查

(五) 问题整改与确认

(1) 如在验收过程中发现问题,需要及时整改,并在整改完成后进行确认。

(2) 对整改后的模具再次进行试模和样品检验,确保问题得到有效解决。

(六) 交付

在验收完成后,将模具交付给客户,并在客户现场进行安装和调试,确保模具能够顺利投入生产。

任务七　模具的入库与发放

(一) 模具验收

(1) 模具制作完成后,需要进行验收,包括外观质量、尺寸精度、硬度等方面的检查,确保模具符合设计要求和质量标准。

(2) 对模具进行清洁和保养,确保模具表面无污渍和锈蚀,如图 12-7-1 所示。

图 12-7-1　模具保养

(二) 编制模具入库单与登记

(1) 验收合格后需要编制模具入库单,包括模具名称、型号、规格、数量、制造厂家、材料、重量、质保期等信息。

(2) 将编制完成的模具入库单进行登记,包括模具入库时间、入库人员、库存位置、存放方式等信息。

（三）模具搬运与存放
(1) 验收并编制完成入库单后，将模具搬运至指定的库房，如图12-7-2所示。
(2) 安排存放位置，并对模具进行分类、编号等工作，如图12-7-3所示。

图12-7-2　模具入库

图12-7-3　分类编号

（四）模具库存管理
定期进行检查、保养、维修等工作，确保模具能安全、可靠和长期有效地使用。

（五）检查上述流程
(1) 对整个模具入库流程进行检查，确保所有步骤都已经按照规定执行。
(2) 记录模具入库过程中的问题和改进措施，以便日后优化库存管理流程。

（六）模具发放
(1) 模具库管理员根据申请信息，从库位中取出相应的模具。
(2) 对模具进行外观检查，确认模具状态良好。
(3) 将模具交付生产部门，并在模具库管理系统中更新模具的使用状态。

（七）模具归还与检查
(1) 生产部门在完成生产任务后，将模具归还模具库。
(2) 模具库管理员对归还的模具进行检查，确认模具无损坏。
(3) 对归还的模具进行清洁和保养后重新放回指定库位。

（八）模具库存管理与维护
(1) 定期对模具库进行盘点，确保库存信息与实际情况一致。
(2) 对库内模具进行定期检查和保养，确保模具状态良好。
(3) 对库房环境进行维护，保持库房干燥、整洁和通风，以防止模具受潮和生锈。

思考练习
(1) 如何正确使用量具对模具零件进行测量，以确保零件的尺寸精度？
(2) 在模具的装配过程中，如何保证各零件的定位精度，以确保模具的正常运行？
(3) 当模具在装配过程中出现配合过紧或过松的情况时，如何采取有效的修正措施？
(4) 如何有效地检查和维护模具装配后的各个活动部件，以确保其正常运行？

总结提升
(1) 总结模具装配过程中的关键步骤和技巧，以确保模具的顺利运行和模具质量。
(2) 如何对模具的各个系统如润滑系统、冷却系统、顶出系统等进行定期检查和维护,以确保模具的稳定运行?

(3) 总结模具钳工在实际操作中可能遇到的问题和解决办法,以提高自己解决问题的能力。

(4) 总结在模具钳工加工与装配过程中学到的经验和教训,以促进自己的技能提升和成长。

参 考 文 献

［1］林承全.模具制造技术［M］.北京：清华大学出版社,2010.
［2］郭铁良.模具制造工艺学［M］.北京：高等教育出版社,2002.
［3］陈孝康.实用模具技术手册［M］.北京：中国轻工业出版社,2001.
［4］张维和.注塑模具从入门到精通［M］.北京：化学工业出版社,2020.
［5］吴光明.机械加工基础［M］.北京：机械工业出版社,2011.
［6］缪遇春.数控加工技术［M］.天津：南开大学出版社,2014.
［7］王朝琴,王小荣.数控电火花线切割加工实用技术［M］.北京：化学工业出版社,2019.